氧化锌和硫化铟薄膜的制备及光电应用

张丽娜 马晋文 郑军 张伟 著

U0342353

北 京

冶金工业出版社

2017

内 容 提 要

本书介绍了结构新颖的 ZnO 和 In_2S_3 薄膜的制备方法，及基于这两种材料的太阳能电池的基本原理、分类、制备工艺及过程。第 1 章介绍了太阳能电池的研究背景，第 2 章介绍了敏化太阳能电池的研究现状，第 3 章介绍了 ZnO 和 In_2S_3 在太阳能电池中的应用形态和进展，第 4 章介绍了 CdSe 敏化 Al 掺杂 ZnO 纳米棒阵列复合薄膜的制备及其光电化学性能，第 5 章介绍了大面积高能面裸露的 ZnO 纳米片阵列薄膜的制备及其光电化学性能，第 6 章介绍了 II-VI 族半导体/ZnO 纳米片阵列复合薄膜的制备及其光电化学性能，第 7 章介绍了片状 In_2S_3 薄膜的制备及其光电化学性能，第 8 章介绍了楔形 In_2S_3 薄膜的制备及其光电化学性能。

本书可作为从事太阳能电池行业研究人员的入门读物，同时也可以作为本科生和硕士研究生学习化合物薄膜太阳能电池的入门课程用书。

图书在版编目（CIP）数据

氧化锌和硫化铟薄膜的制备及光电应用/张丽娜等著. —北京：冶金工业出版社，2017.6
ISBN 978-7-5024-7512-3

I.①氧…　II.①张…　III.①氧化锌—薄膜技术②硫化物—铟—薄膜技术　IV.①TB43

中国版本图书馆 CIP 数据核字（2017）第 101893 号

出 版 人　谭学余
地　　址　北京市东城区嵩祝院北巷 39 号　邮编　100009　电话　(010)64027926
网　　址　www.cnmip.com.cn　电子信箱　yjcbs@cnmip.com.cn
责任编辑　李　臻　于昕蕾　美术编辑　彭子赫　版式设计　孙跃红
责任校对　王永欣　责任印制　李玉山
ISBN 978-7-5024-7512-3
冶金工业出版社出版发行；各地新华书店经销；北京印刷一厂印刷
2017 年 6 月第 1 版，2017 年 6 月第 1 次印刷
148mm×210mm；5.25 印张；154 千字；158 页
29.00 元
冶金工业出版社　投稿电话　(010)64027932　投稿信箱　tougao@cnmip.com.cn
冶金工业出版社营销中心　电话　(010)64044283　传真　(010)64027893
冶金书店　地址　北京市东四西大街 46 号(100010)　电话　(010)65289081(兼传真)
冶金工业出版社天猫旗舰店　yjgycbs.tmall.com
（本书如有印装质量问题，本社营销中心负责退换）

前　言

当代社会，随着对能源安全问题的认识不断加深，人们在新能源特别是太阳能的利用方面投入了极大的热情和努力，虽然目前太阳能电池的发电成本还难于与常规能源竞争，但是从长远来看，随着太阳能电池制造技术的不断改进以及新型光电转换设备的发明，太阳能电池仍是对太阳能的利用中比较切实可行的方法。

近年来，随着氧化锌（ZnO）微/纳米结构制备的迅猛发展，对其相关性质的研究成为热点，其中以光电、气敏、催化、压电等特性尤其引人关注。ZnO 作为一种廉价、无毒且具有优良的电子传输特性的宽禁带半导体材料，被广泛地应用在太阳能电池研究领域。如铝元素掺杂的 ZnO 透明导电玻璃（AZO）常被用作太阳能电池的收集电极，被认为是最有希望替代 ITO 薄膜的材料之一；透明的本征 ZnO 半导体薄膜可以用作 CdTe 太阳能电池的高阻缓冲层；敏化太阳能电池常用 TiO_2 作为光阳极材料。ZnO 的能带结构和电子亲和力与 TiO_2 相似，而且 ZnO 的电子迁移率是 TiO_2 的 10~100 倍。ZnO 的制备方法更简单多样，形貌丰富可控，因此也常被用作敏化太阳能电池的光阳极。

$\beta\text{-}In_2S_3$ 具有优良的光学性能、声学性能、电学性能和光电化学特性，这些性能使得 In_2S_3 纳米材料在许多领域具有重要的应用前景，其中备受瞩目和期待的还是在太阳能电池中的应用。在 CIGS 薄膜太阳能电池中，由于 In_2S_3 的组成元素 In、

S 与 CIGS 电池包含的元素相同，能够削弱吸收层与缓冲层之间的界面态，从而有利于减少光生载流子在界面处的复合，促进光电转换效率的提高。目前，采用 In_2S_3 作为缓冲层的下基底型 CIGS 太阳能电池的光电转换效率已达到 16.4%。

在纳米材料的制备过程中，不同的合成方法和制备条件都会对薄膜的结构和形貌产生很大的影响，进而影响其物理和化学性质。因此，为了更好地对 ZnO 和 In_2S_3 的光伏特性进行研究和利用，必须对其制备方法和合成过程进行研究。本书着重介绍了结构新颖的 ZnO 和 In_2S_3 薄膜材料的制备工艺，并在此基础之上开展了对其光电化学性能的研究。全书共分为 8 章，第 1 章介绍了太阳能电池的研究背景，第 2 章介绍了敏化太阳能电池的研究现状，第 3 章介绍了 ZnO 和 In_2S_3 在太阳能电池中的应用形态和进展，第 4 章介绍了 CdSe 敏化 Al 掺杂 ZnO 纳米棒阵列复合薄膜的制备及其光电化学性能，第 5 章介绍了大面积高能面裸露的 ZnO 纳米片阵列薄膜的制备及其光电化学性能，第 6 章介绍了Ⅱ-Ⅵ族半导体/ZnO 纳米片阵列复合薄膜的制备及其光电化学性能，第 7 章介绍了片状 In_2S_3 薄膜的制备及其光电化学性能，第 8 章介绍了楔形 In_2S_3 薄膜的制备及其光电化学性能。

本书主要内容均源自作者博士学习期间的研究成果和近年来利用 ZnO 和 In_2S_3 薄膜制作光电化学电池的研究成果。本书的出版得到了渤海大学重点学科理论物理（光伏方向）教研室的大力支持。

作　者
2017 年 1 月

目　　录

1 太阳能电池介绍

1.1 引言

太阳的中心区域每时每刻都在发生着热核聚变反应，产生的能量以辐射的形式向周围散发出去，其中二十二亿分之一的能量辐射到地球，成为地球上光和热的主要来源。太阳能转化为人类能够应用的能量形式主要有三种：光热转换、光化学转换和光电转换，如图 1-1 所示。

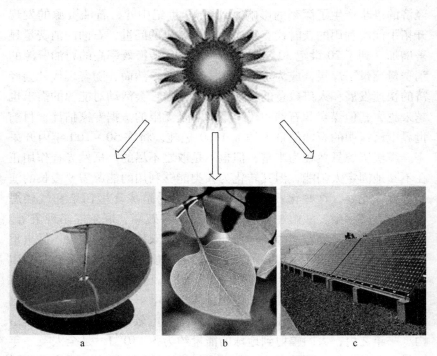

图 1-1　太阳能能量转换的 3 种方式
a—光热转换；b—植物的光合作用；c—光电转换

　　光热转换是指通过特制的太阳能采光设备，将投射在其上面的太阳辐射能最大限度地采集和吸收，并转换为热能。目前，人们已经开发了多种光热转换装置，如太阳能热水器、太阳能供暖房、太阳能灶等。光化学转化是指将太阳能转化成化学能、生物能等形式的能量。最常见的光化学转化主要蕴藏于植物的光合作用中，光合作用是地球上最大规模地将太阳能转化为化学能的过程。现代人类所用的燃料就是远古和当今光合作用固定的太阳能，如煤炭、石油是古代的植物和动物埋藏于地下经历了漫长而又复杂的生物化学和物理化学变化后逐渐形成的化石燃料。纵观人类发展的历史，煤炭和石油的开发和利用直接影响着人类的发展[1]。自18世纪工业大发展以来，煤炭资源的开发和利用规模逐步扩大，并成为世界的主流能源，以煤炭作燃料产生的二次能源，特别是蒸汽机的发明和应用对当时世界的工业布局和经济的进步产生了深刻的影响。到了19世纪中叶，石油资源的发现开拓了能源利用的新时代。继而随着内燃机的问世，石油的消费量显著增加。到了20世纪50年代，使用方便、转换效率高的石油资源的消费量超过了煤炭，成为了世界的主流能源。然而，随着现代社会经济的快速发展和人口数量的不断增加，人类社会活动对能源的需求也越来越大，但煤炭和石油的蕴藏量却不是无限的。据专家估计，目前世界上已探明的石油储量大约为1400亿吨，将在50～100年内开采完。煤炭资源虽然较为丰富，但也不是取之不尽的。虽然光合作用正在不断地固定太阳能，但其转化为人类能够利用的能源需要漫长的演变过程，此外，这些化石能源在使用中容易造成环境污染和气候恶化，如大气污染、酸雨、温室效应、臭氧层破坏、厄尔尼诺现象等。可以说人类正面临着能源耗尽和环境污染的双重危机，如果不做出重大的努力尽早探索和利用各种有效清洁的新能源，那么人类自身的生存将遭受严重的威胁[2, 3]。

　　太阳能的光电转换是光子将能量传递给电子，使其运动而形成电流的过程。其装置的主体部分是能够产生光电效应的PN结半导体结构。一年之内，太阳辐射到地球的能量约为3×10^{24}J，是全人类一年消耗能量总和的一万倍，换而言之，如果能够把太阳在地球表面照射1h所产生的能量完全转化成电力，那么这些电力就可以满足全球一年的用电需求[4]。而且与煤炭、石油和核能相比，太阳能电池不会产生有害废渣和气体，不产生噪声和辐射，且没有地域和资源的限制，可以这样说，太阳能发电是一种清洁的可再生能源，如果我们能够开发出廉价而又高效的太阳能电池，最大化地利用太阳能，那么解决能源短缺和环境污染的问题将指日可待。

1.2 太阳能电池的基本原理

1.2.1 太阳能电池的工作原理

太阳能电池工作的基础是半导体 PN 结的光生伏特效应[5,6]。当 P 型和 N 型半导体紧密地结合在一起时，由于 PN 结两边的电子和空穴的浓度不同，电子和空穴会向着对方的区域扩散，导致在 N 型的一边出现正电荷，P 型的一边出现负电荷，这样正负两种电荷在半导体的内部建立了电场，形成了势垒，称之为内建电场，其电场方向由 N 区指向 P 区。而内建电场的建立反过来会阻挡电子和空穴进一步的扩散，人们把包含这两种电荷的空间称为空间电荷区，即 PN 结。在平衡状态下，由于热运动产生的少数载流子在内建电场的作用下发生漂移运动，当载流子的扩散和漂移达到平衡后，扩散产生的电流和漂移产生的电流相等。此时用导线将 PN 结两侧连接起来的电路中没有电流通过。

当太阳光照射到 PN 结时，能量大于或等于半导体材料带隙宽度的光子会把价带中的电子激发到导带上去，而在原来的地方留下一个带正电的空穴，也就是形成了半导体物理学中所谓的"电子－空穴对"，通常称为光生载流子。在半导体内部结附近生成的光生载流子受到内建电场的作用，使电子流入 N 区，空穴流入 P 区，结果导致 N 区储存了过剩的电子，P 区储存了过剩的空穴，从而在 PN 结附近形成了与内建电场方向相反的光生电场。光生电场除了部分抵消势垒电场的作用外，还使 P 区带正电，N 区带负电，在 N 区和 P 区之间的薄层就产生光生电动势，这就是光生伏特效应。这时用导线连接 PN 结两端形成的回路中有电流通过，这个电流称作短路电流，它的数值与入射光能量成正比。这就是太阳能电池工作的基本原理，示意图如图 1-2 所示。

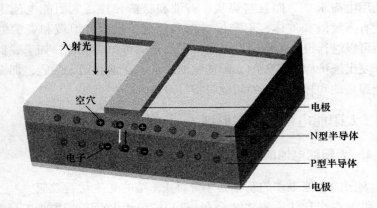

图 1-2   太阳能电池工作原理示意图

1.2.2   太阳能电池的输出特性

　　PN 结型太阳能电池的等效电路如图 1-3 所示,它包括恒流源、串联电阻 r_s、并联电阻 r_{sh} 和负载 R_L,其中 I_L 为通过恒流源的电流即为光生电流。

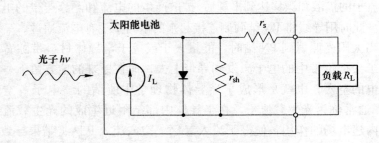

图 1-3   PN 结太阳能电池的等效电路示意图

　　一般情况下,衡量一个太阳能电池性能的主要参数有:短路电流、开路电压、填充因子和光电转换效率[7]。短路电流(short circuit current,I_{sc}):电路处于短路(外电阻为零)时的光电流称为短路电流,单位面积内的短路电流称为短路光电流密度(J_{sc});开路电压(open circuit voltage,V_{oc}):电路开路(外电阻为无穷大)时的光电压称为开路电压；填充因子（fill factor，FF）：是人为定义的一个参数，在最佳工作点，太阳能电池达到最大功率（maximum power density，P_{mp}，如图 1-4 所示），对应的工作电流和工作电压分别为 I_{mp} 和 V_{mp}，则填充因子为：

$$FF = \frac{P_{mp}}{I_{sc}V_{oc}} = \frac{I_{mp}V_{mp}}{I_{sc}V_{oc}}$$

光电转换效率（efficiency，η）：太阳能电池的输出功率和入射光功率的比值即为电池的光电转换效率：

$$\eta = \frac{P_{mp}}{P_{in}} = \frac{I_{sc}V_{oc}FF}{P_{in}}$$

可以看出，串联电阻和并联电阻是影响太阳能电池输出特性的主要内在因素，串联电阻越大则短路电流就会越小，但它几乎不会对开路电压产生影响，并联电阻越大则开路电压越小，但不会影响短路电流。

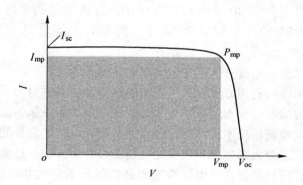

图 1-4　PN 结太阳能电池的 I-V 曲线

1.3　太阳能电池的发展历史及趋势

自 1839 年法国科学家 Edmond Becquerel 发现在电解质溶液中半导体产生的光电现象算起，太阳能电池已经走过了 170 多年的岁月。从总体来看，太阳能电池的基础研究和生产工艺都得到了积极的发展[8]。1876 年，英国天文学家 John Couch Adams 在固态硒的系统中也观察到了光伏效应，并制作了第一片硒太阳能电池。1904 年，德国物理学家爱因斯坦提出了解释光电效应的理论并因此获得了 1921 年的诺贝尔物理奖。1954 年，美国 Bell 实验室报道了效率为 6% 的实用型单晶硅电池，这一里程碑式的研究成果引发了太阳能电池研究的热潮。1955 年，在亚利桑那大学召开了国际太阳能会议，Hoffman 电子公司推出了效率为 2% 的商业太阳能电池。1958 年，美国人造卫星使用太阳能电池作为电源，成为世界上第一个用太阳能供电的卫星。同年，我国也开始了对太阳能电池的研制。1960 年，硅太阳能电池首次并入常规电网。1973 年，美国特拉华大学建成了世界上第一个光伏住宅。1979 年，世界太阳能电池安装总量达到 1MW。此后，太阳能电池的光电转换效率记录不断刷新。其间，在德国，太阳能电池开始与常规电网相结合用来提供民生用电；瑞士科学家 Michael Grätzel 开发了一种光电效率可达 7.1% 的染料敏化太阳能电池，这种电池以廉价的纳米二氧化钛多孔薄膜作为光阳极，以 Ru 配合物为敏化染料，经过近 30 年的研究与优化，这类电池的光电转换效率已经超过 12%[9, 10]。到了 2010 年，世界太阳能电池年产量超过 15000MW。

当代社会，随着对能源安全问题的认识不断加深，人们在新能源特别是太阳能的利用方面投入了更大的热情和更多的努力，虽然目前太阳能电池的发电成本还难于与常规能源竞争，但是从长远来看，随着太阳能电池制造技术的不断改进以及新型光电转换设备的发明，太阳能电池仍是对太阳能的利用中比较切实可行的方法。目前它的开发研究将继续围绕着提高光电转换效率和降低成本两大基本目标进行。在相当长的一个时期之内，晶体硅太阳能电池仍将占据光伏器件的主导地位，并向效率更高和成本更低的方向发展；同时，各类薄膜太阳能电池也将成为太阳能电池研究开发的热点和重点，特别是非晶硅太阳能电池、铜铟镓硒（CIGS）太阳能电池、碲化镉（CdTe）太阳能电池和多晶硅太阳能电池等都将成为发展光伏产业的重心。对非晶硅太阳能电池的研究主要集中在解决电池的光致衰退和提高效率上；CIGS 太阳能电池的发展仍以提高效率为重，而且要注重对 In 这种稀缺资源的有效利用；研发 CdTe 太阳能电池时除了要重点关注提高效率和降低成本两个方面之外，也要关注对环境的影响，应在发展的过程中妥善处理含 Cd 的电池组件，以及生产中排放的废水等问题；多晶硅太阳能电池的发展主要集中于大面积、大颗粒的生长技术和电池优化设计等。相信随着太阳能电池技术的日益发展，太阳能电池的光电转换效率将不断提高，生产成本将逐渐降低，太阳能电池必将在更多领域中扮演其不可替代的作用。而且对其进行合理开发和利用将减轻对化石燃料的依赖，利于发展低碳经济，改善生态环境和应对全球气候变暖，希望它的出现和发展能够给新时期的人们带来更加清新的世界。

1.4 太阳能电池的种类

目前世界上研究开发出的太阳能电池种类繁多，如果按照使用材料划分，太阳能电池可分为硅基太阳能电池、无机化合物薄膜太阳能电池、有机太阳能电池和光电化学太阳能电池等[11]。

1.4.1 硅基太阳能电池

在目前的太阳能电池产业中，生产和使用最多的产品就是硅基太阳能电池。硅是地球上储量第二大元素，它的性能稳定且无毒。按照晶体类型划分它还可以分为单晶硅太阳能电池、多晶硅太阳能电池和非晶硅太阳能电池 3 种。其中，单晶硅太阳能电池的生产工艺最为成熟，其实验室转换效率最高可达 24.7%[12]，商品单晶硅电池的效率也达到了 15% ~ 18% 。但是，高纯晶体硅的提炼是一个高温而又耗时的过程，并且其电池制备工艺繁琐，导致了单晶硅电池的成本价格非常高。虽然目前电池制备工艺得到不断改进，单晶硅电池的制作成本有所下降，但是与常规电力相比还是缺乏竞争力。另外，从材料科学的角度来讲，晶体硅并不是理想的太阳能电池材料。这是因为：首先，硅的带隙宽度为 1.1eV，且是一种间接带隙半导体，在其能带结构中，导带底和价带顶不在同一波矢方向上，这样吸收的光子能量将有一部分能量消耗于声子振动，而不能完全用于激发电子。另外，硅的光吸收系数较低，为了提高它的光吸收率，需要增加其厚度，但这样做的结果会增大光生载流子的扩散长度。而且，晶体硅太阳能电池的制作过程中产生的晶体缺陷或者杂质会使电池的性能出现衰减。为了防止这一状况的发生，就要使用纯度高、缺陷少的硅晶片，造成其原料成本增加。

多晶硅太阳能电池的开发就是为了降低成本。从制作成本上来讲，其制造过程中硅材料使用少，可以在廉价衬底材料上制备，无效率衰退问题。而且，多晶硅在长波具有高光敏性，能有效地吸收可见光，且其光照稳定。在实验室，多晶硅电池的光电转换效率可达20.3%[13]。规模生产的光电转换效率基本稳定在12%。目前，多晶硅电池的市场份额已经超过了单晶硅太阳能电池。

与上面两种电池相比，非晶硅薄膜太阳能电池具有光吸收系数高、弱光响应好、制作中无须考虑材料与衬底的晶格失配问题等优点。目前，非晶硅薄膜太阳能电池的光电转换效率最高可达14.6%，世界上已有许多家公司在生产该种电池产品[14]。但是，非晶硅薄膜太阳能电池存在一些难以克服的问题，如电池效率不稳定，即光致衰退 S-W 效应，对长波区域不敏感，导致转换效率低，多结叠层电池工艺复杂，设备庞大等，这些因素都影响着非晶硅薄膜电池的商业化进程。

1.4.2 无机化合物薄膜太阳能电池

无机化合物薄膜太阳能电池材料主要为无机半导体，主要包括Ⅲ-Ⅴ族化合物（GaAs 等）、Ⅱ-Ⅵ族化合物（CdTe 等）以及铜铟硒多元化合物（CuInS$_2$）等。

1.4.2.1 CdTe 太阳能电池

CdTe 是具有闪锌矿结构的 Ⅱ-Ⅵ 族半导体，它的带隙宽度为1.45eV，接近太阳能电池的最佳能隙（1.5eV），且其具有很高的光吸收系数（大于 $5 \times 10^5 cm^{-1}$），1μm 厚度的 CdTe 薄膜就能将太阳光中大于带隙宽度的能量吸收 99% 以上，因此非常适合用来做太阳能电池材料。典型的 CdTe 太阳能电池由 CdTe 吸收层和 CdS 窗口层等 5层结构组成，如图 1-5 所示。目前，多晶 CdTe 薄膜电池的效率比非晶硅薄膜电池效率高，成本比单晶硅电池低，并且易于实现大规模生产。20 世纪 90 年代初，CdTe 薄膜太阳能电池已实现了规模化生产，但近来其市场发展缓慢，市场份额一直在 1% 左右。目前，其实验室效率可达17%，商业化电池效率达到8%～10%[15，16]。但由于 Cd 有剧毒，会对环境造成严重的污染，因此不是最理想的电池材料。

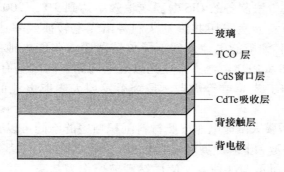

图 1-5　CdTe 太阳能电池的结构示意图

1.4.2.2　Ⅲ-Ⅴ化合物太阳能电池

Ⅲ-Ⅴ化合物太阳能电池材料主要有砷化镓（GaAs）、磷化铟（InP）等。GaAs 的光学带隙为 1.45eV，具有较高的吸收效率，并且抗辐照能力强，对热不敏感，因此十分适合于制造高效率的太阳能电池。1967 年，第一块同质结 GaAs 电池研制成功，其转换效率约为9%。随着异质结结构的开发和制备工艺的不断提高，在单晶衬底上生长的单结电池的效率已超过25%。在实验室中，$Ga_{0.5}In_{0.5}P$ 作为窗口层的 GaAs 电池的最高转换效率可达 33.3%[17]。InP 太阳能电池具有很好的抗辐照性能，因而在航天领域常应用于空间飞行器上。但是GaAs 和 InP 材料的价格昂贵，而且铟、镓属稀缺元素，砷为有毒元素，这些不可忽略的因素在很大程度上限制了这类电池在地面市场中的普及。

1.4.2.3　CIGS 薄膜太阳能电池

CIGS 是在铜铟硒（CIS）薄膜太阳能电池的基础之上发展起来的，被认为是目前最有潜力的薄膜太阳能电池材料之一。CIS 的光吸收系数很高，可以达到 $10^6 cm^{-1}$。但是，CIS 的带隙宽度为 1.04eV，小于太阳能电池的最佳带隙宽度，影响了电池效率的提高。研究发现，可以通过使用同族元素 Ga 部分地取代 In 形成 $CuIn_{1-x}Ga_xSe_2$ 来调节能隙，使之接近最佳太阳光谱吸收位置。1974 年美国 Bell 实验室首先开发出单晶 CIS 太阳能电池。20 世纪 70 年代后期，波音公司用真空蒸发方法制备的 CIS 薄膜电池效率达到 9%。2007 年，美国可再生能源实验室采用共蒸发法制备出光电转换效率达到 19.9% 的 CIGS 薄膜太阳能电池，创下了单结薄膜太阳能电池的记录[18]。而且，CIGS 太阳能电池不存在光致衰退问题，同时具有性能良好、价格低廉和工艺简单等优点，是今后发展太阳能电池的一个重要方向。

  CIGS 薄膜太阳能电池按照材料沉积顺序的不同可以分为下基底型太阳能电池和上基底型太阳能电池，比较常见的是下基底型，其结构如图 1-6 所示。这种电池使用钠钙玻璃作为基底，其上依次制备 Mo 金属背电极、CIGS 光吸收层、CdS 缓冲层、ZnO 窗口层、减反射膜。上基底型 CIGS 太阳能电池的结构如图 1-6 所示，这种电池通常使用透明导电薄膜（FTO，ITO，AZO 等）作为基础电极，在其上依次制备窗口层、CIGS 吸收层及金属背电极层。此类型电池的结构比下基底型电池的结构简单，省去了栅状电极等制备程序，便于封装。且其窗口层的制备可先于吸收层，所以制备方法不拘泥于化学水浴法，磁控溅射、电化学沉积、高温热解、共沉积等方法都可以采纳。

图 1-6 典型的 CIGS 太阳能电池结构类型

a—下基底型；b—上基底型

1.4.3 光电化学太阳能电池

光电化学电池是一种利用半导体 - 液体结制成的电池。最简单的光电化学电池为：将两个电极（一个为半导体光电极，另一个为金属对电极）置于氧化 - 还原体系的电解质当中。半导体表面与电解液之间由于载流子浓度不同形成空间电荷区。当太阳光辐照在半导体电极上时，部分电子吸收了大于半导体带隙宽度的能量而从价带跃迁至导带，产生电子空穴对，又在空间电荷区的作用下分离，光生的少子转移到半导体界面，与溶液中的氧化还原对（多硫离子和硫离子 S^{2-}）起作用。而多子则转移到半导体内，最终通过外电路转移到对电极上，与溶液中电解质起作用。在光电化学电池中，不存在两个固相半导体的晶格匹配以及由此而引发的机械应力等问题，因此自由载流子在界面的复合速率大大降低。一般情况下，光电极材料选用 TiO_2、ZnO、SnO_2 等具有良好的光电化学性质的化合物，但同时由于它们的带隙宽度较宽，光谱响应范围较小，只能吸收紫外波段的太阳光（占太阳光总能量4%），导致对太阳能的利用率较低。针对这个问题，人们想出用另外一种化合物半导体作为敏化剂，使其与 TiO_2 等复合来拓宽其光吸收范围的办法，而且只用这种方法能够使光生电子和空穴对有效的分离，从而提高光电转换效率。目前，采用敏化手段的光电化学电池主要有染料敏化太阳能电池、无机半导体化合物复合敏化太阳能电池等。

染料敏化太阳能电池是 1991 年由 Michael Grätzel 等提出的。他们使用导电玻璃及上面的多孔二氧化钛薄膜作为工作电极，染料分子作为敏化剂，镀有 Pt 薄层的导电玻璃为对电极，以及 LiI 和 I_2 溶于有机溶剂作为电解液，最终获得了 7.9% 的光电转换效率。其工作原理为：在入射光的照射下，电池中的染料受到光子激发，电子跃迁到导带，进而传导至纳米二氧化钛半导体的导带，最后经由电极传导至外电路，失去电子的染料再由电解质中得到电子而被还原为最初的染料，同时电解质中的氧化剂扩散到对电极得到电子而获得再生，这样就形成一个循环。目前，染料敏化电池的光电转换效率达到了 12%。与传统的硅基太阳能电池相比，这种电池原材料价格低廉，制备工艺简单，具有相当大的发展潜力。其结构及工作原理如图 1-7 所示。

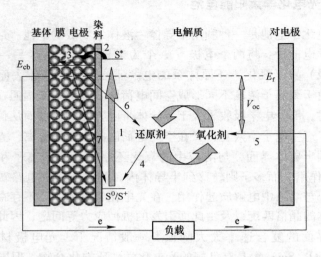

图 1-7 染料敏化太阳能电池的结构及工作原理示意图

此外，无机窄带隙半导体化合物也可以作为敏化剂来提高光电化学电池的效率[19~21]。原因有两点：其一，适当的窄带隙半导体化合物与宽带隙的光电极材料复合时，会扩展薄膜在可见光范围内的光吸收；其二，当这两种带隙宽度不同的半导体之间形成异质结时，会在界面区域建立内建电场，有效地分离光生电子空穴对，降低它们的复合概率，提高光电转换效率。到目前为止，采用半导体化合物敏化来提高光电效率的研究有很多，但是大部分还处于萌芽阶段，光电池的稳定性有待考察，需要进一步的研究和探索。

1.4.4 有机太阳能电池

有机太阳能电池，顾名思义，就是以有机材料为核心部分的太阳能电池。近年来，随着对有机半导体聚合物研究的不断深入，人们发现在它们中间也会发生光子现象，利用这种现象制成的有机太阳能电池具有质量轻、成本低和易于加工成大面积等优点，而且这种电池还可以在柔性基底上制备，扩大了应用范围。最简单的有机半导体电池结构一般由透明阳极层、有机半导体层和金属阴极层组成，如图 1-8

所示。基底材料通常选用玻璃或聚对苯二甲酸类塑料（PET 等）；阳极材料可以选用透明导电薄膜，如 FTO、ITO、碳纳米管膜和石墨烯等，厚度约为几十纳米；阴极层一般选用功函数较低的金属，如铝、银等；最为重要的有机半导体层则为具有共轭结构并且具有导电性的有机材料，按照材料划分为小分子和聚合物型两大类。有机半导体层与不同的功函数的电极接触，形成不同的肖特基势垒，从而在电池内部建立了电场，这是光生电荷定向传输的基础。在太阳光的照射下，有机半导体材料吸收光子之后会产生电子空穴对，电子注入作为受体的有机半导体材料，空穴则留在给体的半导体，并在内部电场的作用下实现了光生电荷的分离，继而电子和空穴被两个电极收集，形成光电流。这种简单结构的太阳能电池的光电转换效率还很低，随着研究的不断深入，在此基础之上，人们又开发研制了双层结构、多层结构和混合异质结结构等多种结构的有机太阳能电池。经过 20 多年的不断努力，有机太阳能电池取得了可喜的进展，目前，这类电池已经实现了 9.2% 的光电转换效率[22]。

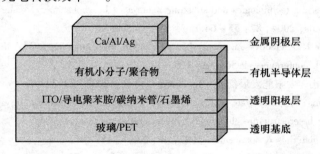

图 1-8 有机半导体太阳能电池的结构示意图

参 考 文 献

[1] 世界能源发展简史 [J]. 太阳能，1991（1）.

[2] 那刹. 美国能源协会发出警告：能源危机逼近 [J]. 国外核新闻，1988
  （11）：1～2.

[3] 苏佳凯. 中国新能源发展概述 [J]. 北京农业，2011，12月下旬：28～129.

[4] 苟兴龙. 硫属化合物纳米微米材料的合成、表征与光学电化学性能研究

[D]. 天津：南开大学，2006.

[5] 曹永胜. 铜铟硒太阳能电池材料的制备与表征及 RTP 的设计 [D]. 合肥：中国科学技术大学，2009.

[6] 赵文燕. Cu_2O、ZnO 微纳米结构薄膜的制备及其光电性能研究 [D]. 长春：吉林大学，2011.

[7] Jenny Nelson. 太阳能电池物理 [M]. 高扬，译. 上海：上海交通大学出版社，2011：1~3.

[8] 成志秀，王晓丽. 太阳能光伏电池综述简史 [J]. 信息记录材料，2007，8：11~17.

[9] O'Regna B, Grätzel M. A low-cost light-efficency solar cell based on dye-sensitized colloidal TiO_2 films [J]. Nature, 1991, 353：737~740.

[10] 蒋方丹. 铜铟硒薄膜太阳能电池材料的制备与若干理论计算研究 [D]. 北京：清华大学，2007.

[11] 蔺旭鹏，强颖怀，肖裕鹏，等. 薄膜太阳能电池研究综述 [J]. 半导体技术，2012，37：96~104.

[12] Zhao J. Recent advances of high-efficiency single crystalline silicon solar cells in processing technologies and substrate materials [J]. Solar energy materials & solar cells, 2004, 82：53~64.

[13] Tabor H. Selective radiation Ⅰ. wavelength discrimination [C]. Bulletin research conference, 1956, 5A：119~126.

[14] 郑名山. 太阳能发展简介 [J]. 物理双月刊，2007，29(3).

[15] Toyama T, Yamamoto T, Okamoto H. Interfacial mixed-crystal layer in CdS/CdTe heterostructure elucidated by electroreflectance spectroscopy [J]. Solar energy materials & solar cells, 1997, 49：213~218.

[16] Dominik K Koll, Ahmad H Taha, Dean M Giolando. Photochemical "self-healing" pyrrole based treatment of CdS/CdTe photovoltaics [J]. Solar Energy Materials & Solar Cells, 2011, 95：1716~1719.

[17] Masafumi Yamaguchi, Tatsuya Takamoto, Kenji Araki, et al. Multi-junction Ⅲ-Ⅴ solar cells：current status and future potential [J]. Solar Energy, 2005, 79：78~85.

[18] Ingrid Repinsl, Miguel A Contreras, Brian Egaas, et al. 19.9%-efficient ZnO/CdS/CuInGaSe$_2$ solar cell with 81.2% fill factor [J]. Progress in photovoltaics：research and applications, 2008, 16：235~239.

[19] CdSe quantum dot-sensitized solar cells exceeding efficiency 1% at full sun inten-

sity [J]. The journal of physical C, 2008, 112: 11600 ~ 11688.

[20] Hui Chen, Wuyou Fu, Haibin Yanga, et al. Photosensitization of TiO_2 nanorods with CdS quantum dots for photovoltaic devices [J]. Electrochimica acta, 2010, 56: 919 ~ 924.

[21] Mohammad Afzaal, Paul O'Brien. Recent developments in II-VI and III-VI semiconductors and their applications in solar cells [J]. Journal of materials chemistry, 2006, 16: 1597 ~ 1620.

[22] 郭军, 李博, 胡来归. 有机薄膜太阳能电池 [J]. 材料导报 A: 综述篇, 2011, 25: 51 ~ 54.

2　量子点敏化太阳能电池的研究

随着纳米技术的发展，无机半导体量子点（quantum dots，QDs）受到人们的广泛关注。量子点是指半径小于或接近激子玻尔半径的零维半导体纳米晶[1]。与此同时，因为量子点所具有的独特性质，如由量子限域效应（quantum confinement effect）引起的全光谱吸收、因多光子吸收和多激子产生效应而对能量的有效利用等，量子点太阳能电池也逐渐进入人们的视野[2]。2002 年，Nozik[3] 提出将量子点结构应用到太阳能电池中，并提出量子点太阳能电池的光电转换效率有可能突破 Shockley-Queisser 效率限制，达到 66%。量子点太阳能电池主要包括量子点敏化太阳能电池、量子点阵列太阳能电池、量子点聚合物杂化太阳电池等几种结构的太阳能电池[3]。其中，以量子点作为敏化剂的敏化太阳能电池被称作量子点敏化太阳能电池（quantum dot-sensitized solar cell，QDSC）。量子点作为全色敏化剂，弥补了常规染料敏化剂光吸收范围窄、吸收系数偏低等不足，具有广阔的发展空间[4]。

2.1　量子点敏化剂的特性

2.1.1　量子限域效应

量子点是指半径小于或接近激子玻尔半径的半导体纳米晶[1]。由于量子点的尺寸可以与激子的玻尔半径相比拟，电子被局限在纳米空间内，运送受到限制，平均自由程很短，使得电子的局域性和相干性增强，此时电子和空穴很容易形成激子，引起电子和空穴波函数的重叠，从而产生激子吸收峰。当电子的平均自由程小于其玻尔半径时，随着颗粒尺寸的减小，激子的浓度越来越高，从而导致量子点的吸收系数增大，出现激子强吸收，同时也发生显著的蓝移现象，这称为量子限域效应[5,6]。

2.1.2 量子尺寸效应

　　块体半导体材料中原子数极大，因此其电子能级呈现为准连续的带状。实则此带状是由无数能级间隔极小的电子能级所构成的。当半导体材料的尺寸减小达到纳米量级时，原子数目大幅减少，使得费米能级附近的电子能级间隔变大，由连续状分裂成分裂能级，带隙也逐渐变宽，如图 2-1a 所示。该效应使量子点材料的磁、光、声、电等

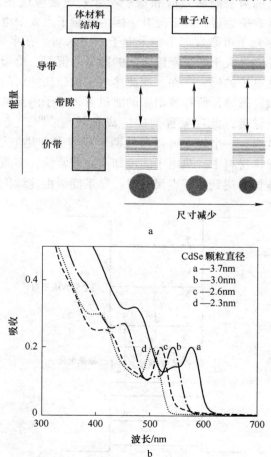

图 2-1　量子尺寸效应示意图（a）与不同粒径 CdSe 量子点的
紫外－可见吸收光谱（b）[8]

性质发生变化，与体材料有很大不同[7]。其中量子点的吸收光谱与粒子的尺寸有着明显的依赖关系，当量子点尺寸逐渐减小时，其吸收光谱和发光光谱都呈现明显的蓝移现象，代表材料的有效带隙随着粒径的减小而增加，如图 2-1b 所示。这就是量子尺寸效应[7]。

2.1.3 多激子效应

当量子点的量子限域效应和量子尺寸效应被应用在太阳能电池时，光电转换效率会得到显著提升。因为在量子点太阳电池中，具有足够能量的单光子可激发产生多个电子－空穴对。在半导体材料中，当外界提供的能量大于两个能级之间的能量差值时，价带上的电子会被激发并以热电子的形式存在。当此热电子由较高能级的激发态回到较低能级的激发态时，所释放出来的能量可将原子内部的另一个电子从价带激发到导带，此现象称为碰撞离化效应[9,10]，又名多激子效应。利用此效应，一个光子可以激发两个或者多个热电子，如图 2-2 所示。在半导体材料中，热电子的冷却速度非常快，多激子效应不明显。当半导体材料达到量子点尺寸时，导带能级由连续能带分裂为许

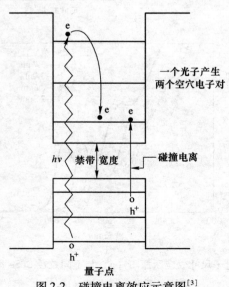

图 2-2 碰撞电离效应示意图[3]

多细小的能级，渐缓了热电子的冷却速度，这时多激子效应得以有效发挥。若能有效利用此效应，单结太阳电池的效率也可突破理论最高值31%而达到44%[11]。

2.2 量子点敏化太阳能电池的结构和组成

量子点敏化太阳能电池主要由以下几部分组成：导电基底、纳米宽禁带氧化物半导体薄膜、量子点、电解液和对电极。结构示意图如图2-3所示。

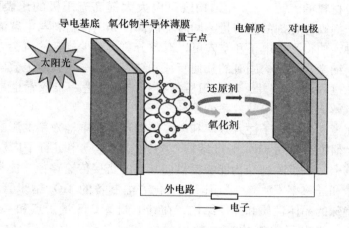

图2-3 量子点敏化太阳能电池的结构示意图

2.2.1 导电基底

导电基底包括光阳极和对电极基底。导电基底的作用是从光阳极收集电子，通过外电路将电子输运到对电极，并将电子提供给电解质中的电子受体[1]。因此，一般要求导电基底材料的导电性要好，光阳极和对电极基底至少要有一个是透明的，透光率要高。用作导电基底的材料有透明导电玻璃（TCO）、柔性聚合物导电基底和金属箔。目前，量子点敏化太阳能电池中普遍使用FTO和ITO两种基底。

2.2.2　宽禁带纳米半导体薄膜

宽禁带氧化物半导体（MO_x）薄膜是敏化太阳能电池的重要组成部分，既是敏化剂的载体，也是电子传输的媒介，一般要具备晶体质量高、较好的化学稳定性和耐光腐蚀性[12]等条件。量子点敏化太阳能电池的光阳极中常用的宽禁带半导体材料主要有 TiO_2、ZnO 和 SnO_2 等氧化物，目前以 TiO_2 光阳极组装的电池性能最佳。

绝大多数高效率的量子点敏化太阳能电池是以 TiO_2 多孔薄膜为光阳极材料的[13~15]。多孔结构既可以大大提高光阳极的比表面积，有利于提高敏化剂的附着量，同时可以保证光阳极材料与电解液的充分接触，使得光生电子和空穴可以有效分离，减少复合的机会[16~18]。然而，纳米多孔结构固有的几何特征和缺陷结构一定程度上会削弱电子扩散过程[18]，因此，对光阳极材料和结构的进一步探索也是提高量子点敏化太阳能电池效率的途径之一。

在考虑到光电子注入效率和电子传输速率对电池效率的影响的情况下，研究人员对 TiO_2 低维结构作为光阳极的应用进行了广泛的研究。其中，一维阵列结构能够提供向基底的直接传输路径，提高了电子寿命和迁移率[19~22]。采用阳极氧化方法制备的 TiO_2 纳米管阵列，具有特殊的晶体性质和几何结构，在其上制备 CdS 量子点和 CdTe 量子点后，光电子可以快速有效地向钛基底转移，从而提高电池效率[23,24]。基于钛基底对薄膜透光性的影响，研究人员采用水热方法在透明 FTO 基底上直接制备一维纳米结构，如纳米线[25,26]、纳米管[27,28]，都能有效提高电池的光吸收率。不过，此类结构的光阳极一般表面积较多、孔结构小，会限制量子点敏化剂的附着量。

除了关于 TiO_2 一维纳米结构的研究，ZnO[29,30] 的一维结构因其具有形貌可控、制备工艺简单等优点也引起了广泛关注。总体而言，选取合适的光阳极纳米材料、改进氧化物的纳米结构以及进一步优化各种纳米结构的电子传输特性，都是提高电池效率的有效途径。

2.2.3　量子点敏化剂

作为敏化剂的量子点必须要满足的条件有：

（1）吸光范围。半导体体相禁带宽度决定了其光吸收范围，鉴于可见光的范围是 $400 \sim 800nm$，一般认为体相带隙约为 $1.5eV$ 的半导体较适合作可见光的吸收材料，图 2-4 给出了部分半导体材料的能带位置图。

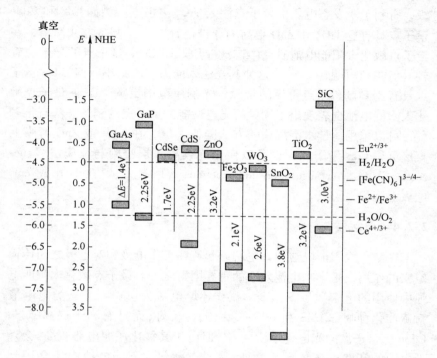

图 2-4　不同半导体的能级与水分解电位的对应关系 （pH = 0）[31]

（2）能带匹配。量子点的能带位置需要与宽禁带氧化物半导体的能带位置相匹配，以保证激发态电子能顺利注入宽禁带半导体的导带中。

（3）量子点与氧化物半导体晶格匹配。量子点能够在光阳极表面上原位生长，两者形成异质结构。

（4）量子点激发态具有高稳定性等。

目前研究最多的半导体量子点主要有Ⅱ-Ⅵ族、Ⅳ-Ⅵ族和Ⅲ-Ⅴ族化合物半导体，其中镉类化合物和金属硫族化合物量子点的研究最为广泛，CdS[32,33]、CdSe[34,35]、PbS[36,37]、Ag$_2$S[38]和Bi$_2$S$_3$[39]等都是热门的光敏化材料。这些量子点光敏化剂的带隙较小，可以吸收大部分可见光，甚至可扩展到远红外光区。一般情况下，这些量子点的导带最低能级位置高于氧化物半导体（如TiO$_2$、ZnO等）的导带最低能级，有利于激发态电子由量子点注入TiO$_2$电极上。例如CdS和CdSe量子点具有比TiO$_2$和ZnO更高的导带位置[40,41]，制备方式简单，在量子点敏化太阳能电池研究中广泛应用。而CdSe量子点的导带位置较CdS更负（见图1-5），这使其光注入能力有所减小，但CdSe量子点具有比CdS量子点更窄的带隙，光响应范围更宽，CdSe量子点敏化太阳能电池也表现出了优异的光电性能。量子点的制备方法有很多种，可以采用化学水浴沉积的方法制备[42,43]，在TiO$_2$或ZnO薄膜上直接沉积CdS量子点，也可以使用连续离子层吸附与反应法（successive ionic layer adsorption and reaction，SILAR）[44,45]在TiO$_2$或ZnO电极上沉积量子点。

2.2.4 电解质

在敏化太阳能电池中，电解质起着在工作电极和对电极之间传输空穴的作用，是影响电池效率的重要因素之一。量子点敏化太阳能电池中使用的电解质以S^{2-}/S$_x^{2-}$氧化还原电对为主[46,47]。这类电解液对硫族化合物如CdS和CdSe等稳定性较好，而且有利于提高CdS、CdSe等量子点的光电化学活性[47]，但由于其氧化还原电势较高，会降低电池的开路电压。除此之外，量子点敏化太阳能电池中还会用到Co^{2+}/Co^{3+}氧化还原对[48]，以及采用有机官能团修饰的{(CH$_3$)$_4$N}$_2$S/{(CH$_3$)$_4$N$_2$}S$_n$氧化还原对[49]。

2.2.5 对电极

对电极在电池中的作用主要是将由外电路传输到对电极的电子传递给电解质中的氧化剂。因此，对电极应该具备良好的导电性和高催化活性。染料敏化太阳能电池中常用纳米Pt[50,51]沉积的FTO或ITO为对电极，它的作用是将电解质中的氧化离子还原，以保持电解液中氧化还原对的平衡。由于Pt与S^{2-}之间有很强的键合作用，所以在多硫电解质中 Pt 的催化活性降低[52]，不利于电池效率的提高，因此人们需要对对电极做进一步的探索。从 20 世纪 70 年代开始，研究人员逐步发现 CoS[53,54]、NiS[54]、Cu₂S[55,56] 和 PbS[52,57] 等金属硫化物可作为对电极材料，此类物质在多硫电解液中非常稳定。研究发现，此类对电极的量子点太阳电池的开路电压和短路电流较 Pt 电极都有明显提高，说明金属硫化物对 S^{2-}/S_x^{2-} 氧化还原电对的催化作用更为高效。近年来，研究人员对石墨烯材料开展广泛研究，发现其较大的比表面积可以提供足够的反应位点，而且石墨烯具有优异的电子传输性能。Radich 和他的同事于 2011 年将 Cu₂S 和石墨烯氧化物复合材料用作量子点敏化太阳能电池的对电极[58]，表现出了优异的性质。

2.3 量子点敏化太阳能电池的工作机理

以 TiO₂ 基量子点敏化电池为例，量子点敏化太阳能电池的工作机理如图 2-5 所示。在太阳光照射下，吸附在 TiO₂ 上的量子点吸收光子，电子由价带跃迁到导带上，并在价带上留下空穴，是为空穴电子对；在异质结内建电场的作用下，电子由量子点的导带注入 TiO₂ 的导带，经由 TiO₂ 层被导电基底收集并传输到外电路；同时，量子点价带上的空穴被电解液中的 S^{2-} 所捕获，实现量子点的再生；电解

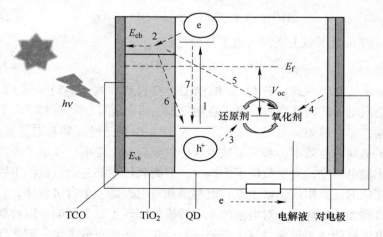

图 2-5 量子点敏化太阳能电池的工作机理示意图

液中的氧化态离子 S_2^{2-} 被到达对电极的电子还原成 S^{2-}，保证了溶液中氧化还原对的平衡，并完成了一个光电化学循环。除此理想循环之外，还会发生 TiO_2 导带上电子与电解液中的氧化态离子复合、量子点价带中空穴与导带中电子复合等损耗电子的现象。电池工作过程中所涉及的主要反应如下：

（1）量子点光激发过程：

$$QD + h\nu \longrightarrow QD(e + h^+) \tag{2-1}$$

（2）电子注入过程：

$$QD(e + h^+) + TiO_2 \longrightarrow QD(h^+) + TiO_2(e) \tag{2-2}$$

（3）量子点中空穴在电解液中的还原过程：

$$QD(h^+) + 还原剂 \longrightarrow QD + O_x \tag{2-3}$$

（4）对电极上电解液中氧化态离子的还原过程：

$$氧化剂 + e \longrightarrow 还原剂 \tag{2-4}$$

（5）TiO_2 导带上电子与电解液中的氧化态离子复合过程：

$$TiO_2(e) + 氧化剂 \longrightarrow 还原剂 + TiO_2 \tag{2-5}$$

（6）TiO_2 导带上电子与量子点价带上的空穴复合过程：

$$TiO_2(e) + QD(h^+) \longrightarrow QD + TiO_2 \tag{2-6}$$

（7）量子点上空穴 – 电子复合过程：

$$QD(e_s + h_s) \longrightarrow QD + h\nu_1 \tag{2-7}$$

式（2-1）～式（2-4）是电池工作全过程，式（2-5）～式（2-7）为空穴电子的损耗过程。量子点激发态的寿命越长，越有利于电子的传输，寿命越短，电子还来不及注入 TiO_2 中就已经回到基态。显然，为了提高电池效率，必须要减少这样的复合反应发生。在量子点敏化太阳能电池中，光生载流子的产生、分离和传输都是由电池的不同组分完成的。光阳极、量子点、电解质和对电极是一个有机整体，它们各自性能的好坏都会对电池的光电转换效率产生很大影响，因此要提高电池性能，不仅要对每个部分进行优化，还要充分考虑它们之间的协同作用。

2.4 提高量子点敏化太阳能电池效率的方法

2.4.1 光阳极材料和结构改进

宽禁带半导体材料是敏化电池光阳极的重要组成部分，可以通过对光阳极材料的选择和结构的改进来实现电池性能的提高。

首先，从光阳极材料出发，常见的量子点敏化太阳能电池的光阳极材料有 TiO_2、ZnO 和 SnO_2[59]等。目前以 TiO_2 光阳极组装的电池性能最佳。TiO_2 具有良好的化学稳定性和热稳定性，无毒，制作成本低。TiO_2 有锐钛矿、金红石和板钛矿 3 种晶体结构，其中具有锐钛矿结构的 TiO_2 的导带位置比金红石 TiO_2 的要高[60]，化学活性也更高，所以常采用锐钛矿相 TiO_2 做光阳极。

ZnO 禁带宽度为 3.37eV，能带结构与 TiO_2 相似。纳米 ZnO 有着良好的形貌可控性，且电子迁移率是 TiO_2 的 10~100 倍，有较大的电子传输效率，被广泛应用在太阳能电池光阳极研究中[61]。

SnO_2 基光阳极也具有一定的优势。SnO_2 的导带位置比 TiO_2 导带位置更正，有利于窄禁带半导体量子点的光生电子注入，使得导带位置较低、原本与 TiO_2 导带位置不匹配的窄带隙半导体材料，也可以与 SnO_2 复合形成异质结，并产生较好的光响应。据报道，王庆研究小组所制备的 SnO_2/CdS/CdSe 共敏化电池的效率已经达到 3.68%[62]。

其次，从光阳极结构上看，光阳极有无序和有序两种薄膜结构。

无序结构薄膜即指纳米颗粒多孔薄膜。以 TiO_2 为例，纳米颗粒多孔薄膜一般由约 $10\mu m$ 厚小尺寸（约 20nm）颗粒构成的透明层和约 $4\mu m$ 厚大尺寸（约 400nm）颗粒构成的散射层组成。此种多孔薄膜的比表面积大，有利于量子点大量沉积，进而提高电池的短路电流密度和转换效率。此外，由于纳米多孔结构薄膜特有的几何形态，电子在其中的复合概率高；由小尺寸颗粒构成的透明层虽然比表面积大，但孔径较小，很容易被量子点堵塞，不利于电解液的扩散，因此必须对这种无序结构光阳极进行优化。Meng 和他的同事通过调整 TiO_2 纳米颗粒的粒径大小来调控薄膜的比表面积、孔径大小和孔隙率，他们制备的 CdS/CdSe 共敏化 TiO$_2$ 电池在标准光照下效率达到了 4.92%[63]。

有序纳米结构薄膜是指由沿着一定方向规则生长的纳米结构所构成的薄膜。近年来常用来制作光阳极的有序纳米结构有纳米线、纳米棒、纳米管、纳米片阵列等。与纳米颗粒多孔薄膜相比，有序结构可以为光生电子提供直接的传输通道，缩短了电子的传输距离，降低了电子与空穴的复合概率[19~22]。而且，有序结构薄膜的空隙较大，利于量子点的沉积和电解液的扩散。

一般来讲，高度有序的 TiO$_2$ 纳米管阵列薄膜是在 Ti 片上通过阳极氧化法制得的，如图 2-6 所示[31]。TiO$_2$ 纳米管垂直于基底生长，具有良好的光散射效应和较大的表面体积比，沿着纳米管具有较高的电子迁移率，可以有效减小界面复合的概率[31]。然而由于 Ti 片不透

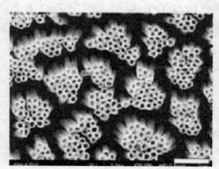
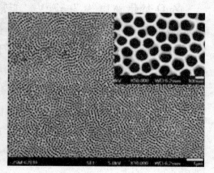

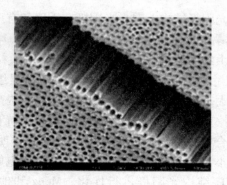

图 2-6 不同放大倍数下 TiO$_2$ 纳米管阵列薄膜的扫描电镜图[31]

光，当直接将此光阳极用于 QDSC 时，太阳光必须从背面入射，因此只能采用透明的对电极。为了解决背面入射的限制性，人们采用了不同的办法。比如将 TiO_2 纳米管阵列从 Ti 片上剥离，将其转移至 TCO 上，再组装电池，以此法所制得的电池效率达到 3%[64]；或以 ZnO 纳米棒为模板直接在 TCO 上制备 TiO_2 纳米管阵列薄膜，通过镉类化合物敏化，所得电池的效率达到 4.61%[65]。此外，TiO_2 纳米棒阵列也是一种有效的光阳极结构，如图 2-7 所示[66]。TiO_2 纳米棒阵列薄膜一般由水热反应法直接在 FTO 上制备[32,67]。Chen 和他的团队制备的 $TiO_2/CdS/CdSe/ZnS$ 电池短路电流密度达到了 $13.83mA/cm^2$[67]。最近，我们的工作小组将高能面裸露的 TiO_2 纳米片阵列薄膜引入量

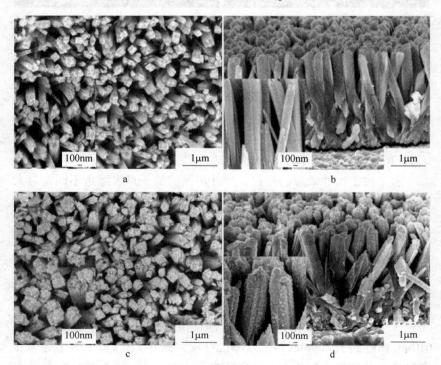

图 2-7 TiO_2 纳米棒阵列薄膜（a，b）与 CdS 敏化 TiO_2
纳米棒阵列薄膜（c，d）[66]

子点敏化光阳极的研究中（图 2-8）[68]，因为高能面特有的性质，其表现出优异的光电化学性能。

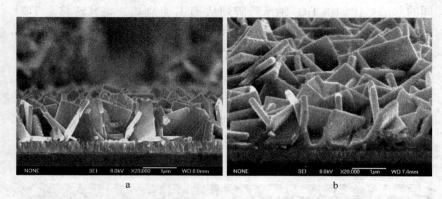

图 2-8 TiO₂ 纳米片阵列薄膜(a)与 CdS 敏化 TiO₂ 纳米片阵列薄膜(b)[68]

2.4.2 共敏化

共敏化是指使用两种或多种材料共同作为敏化剂。共敏化可以有效拓宽电池的光响应范围，并且可以通过阶梯状能级分布，进一步加强电子注入效率，同时减小了电子反向复合的概率[40]，从而提高了 QDSC 的光电转换效率。

由于量子尺寸效应的存在，尺寸不同的量子点带隙也不同，对太阳光谱中不同波长的光吸收也不相同。因此可利用尺寸不同的同种量子点对光阳极进行共同敏化，以实现太阳光全光谱吸收，即彩虹太阳能电池[8,69]。

由于无机半导体量子点与有机染料分子的光响应范围不同，因此可以将两者结合进行共敏化研究。1997 年，Fang[70] 等人开展了 ZnTCPc 染料分子与 CdSe 量子点共敏化 TiO₂ 纳米晶的工作，研究发现相较于单独 CdSe 敏化，共敏化电池的光响应有所提升，吸收边由 610nm 拓展到了 700nm，转换效率也有较大提升。此后，无机半导体和有机分子共敏化逐渐成为一个研究热点。Zaban[71] 等人将 CdS 量子点和 N719 染料结合共敏化 TiO₂ 多孔膜，所得电池效率达到了单独 CdS 敏化的 3 倍。Kamat[72] 和他的团队研究了 CdS 量子点与新型有机方酸染料(JK-216)共敏化 TiO$_2$ 多孔薄膜,电池效率达到 2.8%。

除了无机半导体量子点与有机染料分子之间的共敏化,多种不同无机半导体量子点间的共敏化也得到了研究人员的关注。研究中发现,无机半导体晶格结构之间的匹配度更高,有利于量子点晶体的生长,从而形成作用更加紧密的异质结。比如 CdS 和 CdSe 的晶格匹配度更高,而且 CdS 的能带位置刚好位于 CdSe 和 TiO$_2$ 之间,所以 CdS 常被沉积在 CdSe 和 TiO$_2$ 中间,既可以拓宽光吸收范围,也可以通过阶梯能级结构有效促进电子注入,如图 2-9 所示[31]。Meng[73] 等人引入 CuInS$_2$/Carbon 对电极,CdS/CdSe

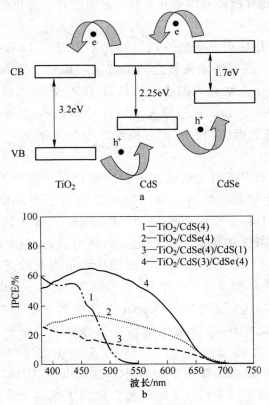

图 2-9 理想的 TiO$_2$/CdS/CdSe 能带结构 (a) 与
不同 QDSCs 的 IPCE 曲线 (b)[31]

共敏化 TiO_2 电池效率达到 4.32%。此外，人们对其他半导体量子点之间的共敏化如 CdS/PbS[74,75]、$CuInS_2$/CdS[76]、CdHgTe/CdTe[77] 等也开展了广泛研究。

2.4.3　界面处理

研究发现，直接将量子点敏化的光阳极组装成电池时，电池性能并不理想，其原因在于光生电子的损失不可忽视，尤其是在量子点与电解液之间的界面处电子损失严重。因此组装电池之前对光阳极的界面修饰和改性显得格外重要。常用的界面钝化的方式有以下几种：

（1）$TiCl_4$ 处理。研究发现，对光阳极进行 $TiCl_4$ 处理后可以减少表面态、改善纳米颗粒之间的联通。Kim[78] 等人制备的 CdS 敏化 TiO_2 量子点敏化太阳能电池经过 $TiCl_4$ 处理之后电池转换效率提高了 40%。Ahmed[79] 等人所制备 CdS/CdSe 共敏化电池在经过 $TiCl_4$ 处理之后性能有了很大提高，电池效率由 1.83% 提高到 3.98%。

（2）在光阳极与电解液之间加入钝化层，常见的有 ZnS[80]、Al_2O_3[72] 等。钝化层的加入可以降低界面电子态对电子的捕获，可以有效减小电子反向复合概率。Giménez[56] 等人研究发现 ZnS 保护之后，CdSe 敏化量子点敏化太阳能电池的 IPCE 值和光电流都有很大提升，电池的短路电流密度达到了当时最高值 7.13mA/cm^2，效率为 1.83%。Lee 和 Lo[14] 所制 TiO_2/CdS/CdSe/ZnS 共敏化电池的效率达到 4.22%。Kamat[72] 和他的团队所制备的 CdS/JK-216 共敏化 TiO_2 太阳能电池转换效率达到 2.8%，在 CdS 与 JK-216 染料之间加入绝缘层 Al_2O_3 后，电池转换效率达到 3.14%，结构示意图如图 2-10 所示。这是因为 Al_2O_3 层有效抑制了 CdS 中的电子向染料分子的转移，提高了光电子注入效率，提高了电池的开路电压。此外，人们对 ZnO[81] 和 SiO_2[82] 等阻挡层的研究也取得了较好的效果。

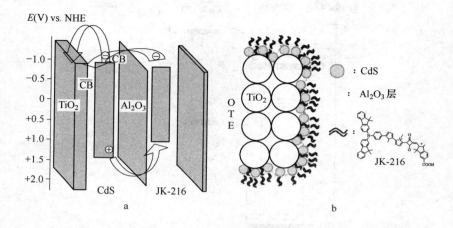

图 2-10 TiO₂/CdS/Al₂O₃/JK-216 共敏化太阳能电池

a—电荷传输示意图；b—结构示意图[72]

2.4.4 离子掺杂

在量子点敏化太阳能电池中，对光阳极进行离子掺杂也是提高电池性能的有效办法之一。离子掺杂包括在量子点敏化之前对氧化物半导体的掺杂和对量子点的掺杂两种实施途径。掺杂可以在原始能带中引入中间能态，该能级一方面可以捕获将要发生热弛豫和反向复合过程的光生电子，延长了电子激发态寿命，增加光电子注入效率；另一方面，对量子点进行掺杂可以拓宽电池的光吸收范围。Zhang[83]研究组采用氨气中退火的方法对 TiO₂ 进行 N 掺杂，IPCE 和线性伏安曲线都显示 CdSe 敏化之后的 CdSe-TiO₂:N 样品的光电化学性能优于未掺杂的 CdSe-TiO₂ 样品。Zhu[84]等人采用水热方法实现了 TiO₂ 的 Zn 掺杂，所得 Zn-TiO₂/CdS 电池的效率较未掺杂的电池提高了 24%。Santra 和 Kamat[85]通过向 CdS 量子点掺杂 Mn²⁺，所制 CdS/CdSe 共敏化电池的效率提高到了 5.42%。图 2-11 是不同元素掺杂之后光阳极的能带结构示意图。

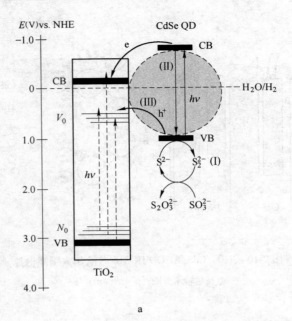

a

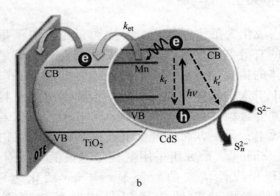

b

图 2-11　CdSe-TiO$_2$: N[83]（a）与 Mn-CdS/CdSe/TiO$_2$ 能带示意图（b）[85]

参 考 文 献

[1] http://zh. wikipedia. org/wiki/量子点.

[2] Zaban A, Micic O I, Nozik A J, et al. Photosensitization of nanoporous TiO$_2$ elec-

trodes with InP quantum dots [J]. Langmuir, 1998, 14 (12): 3153~3156.

［3］Nozik A J. Quantum dot solar cells [J]. Physica E: Low-dimensional Systems and Nanostructures, 2002, 14: 115~120.

［4］马廷丽, 云斯宁. 染料敏化太阳能电池 [M]. 北京: 化学工业出版社, 2013.

［5］张立德, 牟季美. 纳米材料和纳米机构 [M]. 北京: 科学出版社, 2001.

［6］Takagahara T, Takeda K. Theory of the quantum confinement effect on excitons in quantum dots of indirect-gap materials [J]. Physical Review B, 1992, 46: 15578.

［7］宋鑫. 量子点敏化太阳能电池: 制备及光电转换性能的改进 [D]. 天津: 天津大学, 2010.

［8］Kongkanand A, Tvrdy K, Takechi K, et al. Quantum dot solar cells. Tuning photoresponse through size and shape control of CdSe-TiO$_2$ architecture [J]. Journal of the American Chemical Society, 2008, 130: 4007~4015.

［9］Nozik J. Spectroscopy and hot electron relaxation dynamics in semiconductor quantum walls and quantum dots [J]. Annual Review of Physical Chemistry, 2001, 52: 193~231.

［10］Schaller R D, Klimov V I. High efficiency carrier multiplication in PbSe nanocrystals: implications for solar energy Conversion [J]. Physical Review Letters, 2004, 92: 186601.

［11］Hanna M C, Nozik A J. Solar conversion efficiency of photovoltaic and photoelectrolysis cells with carrier multiplication absorbers [J]. Journal of Applied Physics, 2006, 100: 074510.

［12］周晓明. Ⅱ-Ⅵ族半导体/二氧化锡纳米结构复合薄膜的制备及其应用性能研究 [D]. 长春: 吉林大学, 2013.

［13］Diguna L J, Shen Q, Kobayashi J, et al. High efficiency of CdSe quantum-dot-sensitized TiO$_2$ inverse opal solar cells [J]. Applied Physics Letters, 2007, 91: 023116.

［14］Lee Y L, Lo Y S. Highly efficient quantum-dot-sensitized solar cell based on co-sensitization of CdS/CdSe [J]. Advanced Functional Materials, 2009, 19: 604~609.

［15］Lee Y L, Huang B M, Chien H T. Highly efficient CdSe-sensitized TiO$_2$ photoelectrode for quantum-dot-sensitized solar cell applications [J]. Chemistry of Materials, 2008, 20: 6903~6905.

[16] Van de Lagemaat J, Park N G, Frank A J. Influence of electrical potential distri-bution, charge transport, and recombination on the photopotential and photocur-rent conversion efficiency of dye-sensitized nanocrystalline TiO$_2$ solar cells: a study by electrical impedance and optical modulation techniques [J]. The Journal of Physical Chemistry B, 2000, 104: 2044 ~2052.

[17] Nazeeruddin M K, Humphry-Baker R, Liska P, et al. Investigation of sensitizer adsorption and the influence of protons on current and voltage of a dye-sensitized nanocrystalline TiO$_2$ solar cell [J]. The Journal of Physical Chemistry B, 2003, 107: 8981 ~8987.

[18] Huang S, Schlichthörl G, Nozik A J, et al. Charge recombination in dye-sensi-tized nanocrystalline TiO$_2$ solar cells [J]. The Journal of Physical Chemistry B, 1997, 101: 2576 ~2582.

[19] Mor G K, Varghese O K, Paulose M, et al. A review on highly ordered, vertical-ly oriented TiO$_2$ nanotube arrays: Fabrication, material properties, and solar en-ergy applications [J]. Solar Energy Materials and Solar Cells, 2006, 90: 2011 ~ 2075.

[20] Liu B, Aydil E S. Growth of oriented single-crystalline rutile TiO$_2$ nanorods on transparent conducting substrates for dye-sensitized solar cells [J]. Journal of the American Chemical Society, 2009, 131: 3985 ~3990.

[21] Zhu K, Neale N R, Miedaner A, et al. Enhanced charge-collection efficiencies and light scattering in dye-sensitized solar cells using oriented TiO$_2$ nanotubes ar-rays [J]. Nano Letter, 2007, 7: 69 ~74.

[22] Jiu J, Isoda S, Wang F, et al. Dye-sensitized solar cells based on a single-crys-talline TiO$_2$ nanorod film [J]. The Journal of Physical Chemistry B, 2006, 110: 2087 ~2092.

[23] Sun W T, Yu Y, Pan H Y, et al. CdS quantum dots sensitized TiO$_2$ nanotube-ar-ray photoelectrodes [J]. Journal of the American Chemical Society, 2008, 130: 1124 ~1125.

[24] Gao X F, Li H B, Sun W T, et al. CdTe quantum dots-sensitized TiO$_2$ nanotube array photoelectrodes [J]. The Journal of Physical Chemistry C, 2009, 113: 7531 ~7535.

[25] Feng X, Shankar K, Varghese O K, et al. Vertically aligned single crystal TiO$_2$ nanowire arrays grown directly on transparent conducting oxide coated glass: syn-thesis details and applications [J]. Nano Letter, 2008, 8: 3781 ~3786.

[26] Kumar A, Madaria A R, Zhou C. Growth of aligned single-crystalline rutile TiO_2 nanowires on arbitrary substrates and their application in dye-sensitized solar cells [J]. The Journal of Physical Chemistry C, 2010, 114: 7787 ~7792.

[27] Varghese O K, Paulose M, Grimes C A. Long vertically aligned titania nanotubes on transparent conducting oxide for highly efficient solar cells [J]. Nature Nanotechnol, 2009, 4: 592 ~597.

[28] Lei B X, Liao J Y, Zhang R, et al. Ordered crystalline TiO_2 nanotube arrays on transparent FTO glass for efficient dye-sensitized solar cells [J]. The Journal of Physical Chemistry C, 2010, 114: 15228 ~15233.

[29] Kar S, Pal B N, Chaudhuri S, et al. One-dimensional ZnO nanostructure arrays: Synthesis and characterization [J]. The Journal of Physical Chemistry B, 2006, 110: 4605 ~4611.

[30] Yu H, Zhang Z, Han M, et al. A general low-temperature route for large-scale fabrication of highly oriented ZnO nanorod/nanotube arrays [J]. Journal of the American Chemical Society, 2005, 127: 2378 ~2379.

[31] Yan J, Zhou F. TiO_2 nanotubes: structure optimization for solar cells [J]. Journal of Materials Chemistry, 2011, 21: 9406.

[32] Wang H, Bai Y S, Zhang H, et al. CdS quantum dots-sensitized TiO_2 nanorod array on transparent conductive glass photoeletrodes [J]. Journal of Materials Chemistry, 2010, 114: 16451 ~16455.

[33] Jin-Nouchi Y, Naya S I, Tada H. Quantum-dot-sensitized solar cells using a photoanode prepared by in situ photodeposition of CdS on nanocrystalline TiO_2 films [J]. Journal of Materials Chemistry, 2010, 114: 16837 ~16842.

[34] Lopez-Luke T, Wolcott A, Xu L P, et al. Nitrogen-doped and CdSe quantum-dot-sensitized nanocrystalline TiO_2 films for solar energy conversion applications [J]. The Journal of Physical Chemistry C, 2008, 112: 1282 ~1292.

[35] Xu J, Yang X, Yang Q D, et al. Arrays of CdSe sensitized ZnO/ZnSe nanocables for efficient solar cells with high open-circuit voltage [J]. Journal of Materials Chemistry, 2010, 22: 13374 ~13379.

[36] Mali S S, Desai S K, Kalagi S S, et al. PbS quantum dot sensitized anatase TiO_2 nanocorals for quantum dot-sensitized solar cell applications [J]. Dalton Transactions, 2012, 41: 6130 ~6136.

[37] Lee H J, Chen P, Moon S J, et al. Regenerative PbS and CdS quantum dot sensitized solar cells with a cobalt complex as hole mediator [J]. Langmuir, 2009,

25: 7602 ~ 7608.

[38] Nagasuna K, Akita T, Fujishima M, et al. Photodeposition of Ag_2S quantum dots and application to photoelectrochemical cells for hydrogen production under simulated sunlight [J]. Langmuir, 2011, 27: 7294 ~ 7300.

[39] Peter L M, Wijayantha K G U, Riley D J, et al. Band-edge tuning in self-assembled layers of Bi_2S_3 nanoparticles used to photosensitize nanocrystalline TiO_2 [J]. The Journal of Physical Chemistry B, 2003, 107 (33): 8378 ~ 8381.

[40] Lee Y L, Chi C F, Liau S Y. CdS/CdSe co-sensitized TiO_2 photoelectrode for efficient hydrogen generation in a photoelectrochemical cell [J]. Chemistry of Materials, 2010, 22: 922 ~ 927.

[41] Wang G, Yang X, Qian F, et al. Double-sided CdS and CdSe quantum dot co-sensitized ZnO nanowire arrays for photoelectrochemical hydrogen generation [J]. Nano Letter, 2010, 10: 1088 ~ 1092.

[42] Lee W, Min S K, Dhas V, et al. Chemical bath deposition of CdS quantum dots on vertically aligned ZnO nanorods for quantum dots-sensitized solar cells [J]. Electrochemistry Communications, 2009, 11: 103 ~ 106.

[43] Chang C H, Lee Y L. Chemical bath deposition of CdS quantum dots onto mesoscopic TiO_2 films for application in quantum-dot-sensitized solar cells [J]. Applied Physics Letters, 2007, 91: 053503.

[44] Li J J, Wang Y A, Guo W, et al. Large-scale synthesis of nearly monodisperse CdSe/CdS core/shell nanocrystals using air-stable reagents via successive ion layer adsorption and reaction [J]. Journal of the American Chemical Society, 2003, 125: 12567 ~ 12575.

[45] Lee H, Wang M K, Chen P, et al. Efficient CdSe quantum dot-sensitized solar cells prepared by an improved successive ionic layer adsorption and reaction Process [J]. Nano Letter, 2009, 9 (12): 4221 ~ 4227.

[46] Zhang Y H, Zhu J, Yu X C, et al. The optical and electrochemical properties of CdS/CdSe co-sensitized TiO_2 solar cells prepared by successive ionic layer adsorption and reaction processes [J]. Solar Energy, 2012, 86: 964 ~ 971.

[47] Lee Y L, Chang C H. Efficient polysulfide electrolyte for CdS quantum dot-sensitized solar cells [J]. Journal of Power Sources, 2008, 185: 584 ~ 588.

[48] Lee H J, Yum J H, Leventis H C, et al. CdSe quantum dot-sensitized solar cells exceeding efficiency 1% at full-sun intensity [J]. The Journal of Physical Chemistry C, 2008, 112: 11600 ~ 11608.

[49] Li L, Yang X C, Gao J J, et al. Highly efficient CdS quantum dot-sensitized solar cells based on a modified polysulfide electrolyte [J]. Journal of the American Chemical Society, 2011, 133: 8458~8460.

[50] Chen J, Zhao D W, Song J L, et al. Directly assembled CdSe quantum dots on TiO_2 in aqueous solution by adjusting pH value for quantum dot sensitized solar cells [J]. Electrochemistry Communications, 2009, 11: 2265~2267.

[51] Yoon C H, Vittal R, Lee J, et al. Enhanced performance of a dye-sensitized solar cell with an electrodeposited-platinum counter electrode [J]. Electrochimica Acta, 2008, 53: 2890~2896.

[52] Tachan Z, Shalom M, Hod I, et al. PbS as a highly catalytic counter electrode for polysulfide-based quantum dot solar cells [J]. The Journal of Physical Chemistry C, 2011, 115: 6162~6166.

[53] Yang Z, Chen C Y, Liu C W, et al. Quantum dot-sensitized solar cells featuring CuS/CoS electrodes provide 4.1% efficiency [J]. Advanced Energy Materials, 2011, 1: 259~264.

[54] Yang Z, Chen C Y, Liu C W, et al. Electrocatalytic sulfur electrodes for CdS/CdSe quantum dot-sensitized solar cells [J]. Chemical Communications, 2010, 46: 5485~5487.

[55] Shen Q, Yamada A, Tamura S, et al. CdSe quantum dot-sensitized solar cell employing TiO_2 nanotube working-electrode and Cu_2S counter-electrode [J]. Applied Physics Letters, 97: 123107.

[56] Giménez S, Mora-Seró I, Macor L, et al. Improving the performance of colloidal quantum-dot-sensitized solar cells [J]. Nanotechnology, 2009, 20: 295204.

[57] Lin C Y, Teng C Y, Li T L, et al. Photoactive p-type PbS as a counter electrode for quantum dot-sensitized solar cells [J]. Journal of Materials Chemistry A, 2013, 1: 1155~1162.

[58] Radich J G, Dwyer R, Kamat P V. Cu_2S Reduced Graphene Oxide Composite for High-Efficiency Quantum Dot Solar Cells. Overcoming the Redox Limitations of S^{2-}/S_n^{2-} at the Counter Electrode [J]. The Journal of Physical Chemistry Letters, 2011, 2: 2453~2460.

[59] Vasiliev R B, Babynina A V, Maslova O A, et al. Photoconductivity of nanocrystalline SnO_2 sensitized with colloidal CdSe quantum dots [J]. Journal of Materials Chemistry, 2013, 1: 1005~1010.

[60] Park N G, Lagemaat J, Frank A J. Comparison of dye-sensitized rutileand ana-

tase-based TiO$_2$ solar cells [J]. The Journal of Physical Chemistry B, 2000, 104: 8989 ~ 8994.

[61] Zhang Q, Dandeneau C S, Zhou X, et al. ZnO nanostructures for dye-sensitized solar cells [J]. Advanced Materials, 2009, 21: 4087 ~ 4108.

[62] Hossain M A, Jennings J R, Koh Z Y, et al. Carrier generation and collection in CdS/CdSe-sensitized SnO$_2$ solar cells exhibiting unprecedented photocurrent densities [J]. ACS Nano, 2011, 5: 3172 ~ 3181.

[63] Zhang Q, Guo X, Huang X, et al. Highly efficient CdS/CdSe-sensitized solar cells controlled by the structural properties of compact porous TiO$_2$ photoelectrodes [J]. Physical Chemistry Chemical Physics, 2011, 13: 4659 ~ 4667.

[64] Guan X F, Huang S Q, Zhang Q X, et al. Front-side illuminated CdS/CdSe quantum dots co-sensitized solar cells based on TiO$_2$ nanotube arrays [J]. Nanotechnology, 2011, 22: 465402.

[65] Zhang Q X, Chen G P, Yang Y Y, et al. Toward highly efficient CdS/CdSe quantum dots-sensitized solar cells incorporating ordered photoanodes on transparent conductive substrates [J]. Physical Chemistry Chemical Physics, 2012, 14: 6479 ~ 6486.

[66] Chen H, Fu W Y, Yang H B, et al. Photosensitization of TiO$_2$ nanorods with CdS quantum dots for photovoltaic devices [J]. Electrochimica Acta, 2010, 56: 919 ~ 924.

[67] Chen L Y, Yang Z, Chen C, et al. Cascade quantum dots sensitized TiO$_2$ nanorod arrays for solar cell applications [J]. Nanoscale, 2011, 3: 4940 ~ 4942.

[68] Yao H Z, Fu W Y, Yang H B, et al. Vertical growth of two-dimensional TiO$_2$ nanosheets array films and enhanced photoelectrochemical properties sensitized by CdS quantum dots [J]. Electrochimica Acta, 2014, 125: 258 ~ 265.

[69] Ruland A, Schulz-Drost C, Sgobba V, et al. Enhancing photocurrent efficiencies by resonance energy transfer in CdTe quantum dot multilayers: towards rainbow solar cells [J]. Advanced Materials, 2011, 23: 4573 ~ 4577.

[70] Fang J H, Wu J W, Lu X M, et al. Sensitization of nanocrystalline TiO$_2$ electrode with quantum sized CdSe and ZnTCPc molecules [J]. Chemical Physics Letters, 1997, 270: 145 ~ 151.

[71] Shalom M, Albero J, Tachan Z, et al. Quantum dot-dye bilayer-sensitized solar cells: Breaking the limits imposed by the low absorbance of dye monolayers [J]. The Journal of Physical Chemistry Letters, 2010, 1: 1134 ~ 1138.

[72] Choi H, Nicolaescu R, Paek S, et al. Supersensitization of CdS quantum dots with a near-infrared organic dye: toward the design of panchromatic hybrid-sensitized solar cells [J]. ACS Nano, 2011, 5: 9238~9245.

[73] Zhang X, Huang X, Yang Y, et al. Investigation on new CuInS$_2$/Carbon composite counter electrodes for CdS/CdSe cosensitized solar cells [J]. ACS Applied Materials Interfaces, 2013, 5: 5954~5960.

[74] Zhou N, Chen G, Zhang X, et al. Highly efficient PbS/CdS co-sensitized solar cells based on photoanodes with hierarchical pore distribution [J]. Electrochemistry Communications, 2012, 20: 97~100.

[75] Jiao J, Zhou Z J, Zhou W H, et al. CdS and PbS quantum dots co-sensitized TiO$_2$ nanorod arrays with improved performance for solar cells application [J]. Materials Science in Semiconductor Processing, 2013, 16: 435~440.

[76] Hu X, Zhang Q X, Huang X M, et al. Aqueous colloidal CuInS$_2$ for quantum dot sensitized solar cells [J]. Journal of Materials Chemistry, 2011, 21: 15903.

[77] Yang Z, Chang H T. CdHgTe and CdTe quantum dot solar cells displaying an energy conversion efficiency exceeding 2% [J]. Solar Energy Materials and Solar Cells, 2010, 94: 2046~2051.

[78] Kim J, Choi H, Nahm C, et al. The role of a TiCl$_4$ treatment on the performance of CdS quantum-dot-sensitized solar cells [J]. Journal of Power Sources, 2012, 220: 108~113.

[79] Ahmed R, Bell J, Wang H. Effects of TiCl$_4$ treatment on the performance of CdSe/CdS-sensitised solar cells [A]. Fourth International Conference on Smart Materials and Nanotechnology in Engineering [C]. Gold Coast: SPIE Proceedings, 2013.

[80] Guijarro N, Campina J M, Shen Q, et al. Uncovering the role of the ZnS treatment in the performance of quantum dot sensitized solar cells [J]. Physical Chemistry Chemical Physics, 2011, 13: 12024~12032.

[81] Chen C, Xie Y, Ali G, et al. Improved conversion efficiency of CdS quantum dots-sensitized TiO$_2$ nanotube array using ZnO energy barrier layer [J]. Nanotechnology, 2011, 22: 015202.

[82] Liu Z, Miyauchi M, Uemura Y, et al. Enhancing the performance of quantum dots sensitized solar cell by SiO$_2$ surface coating [J]. Applied Physics Letters, 2010, 96: 233107.

[83] Hensel J, Wang G, Li Y, et al. Synergistic effect of CdSe quantum dot sensitiza-

tion and nitrogen doping of TiO$_2$ nanostructures for photoelectrochemical solar hy-
drogen generation [J]. Nano Letter, 2010, 10: 478 ~ 483.

[84] Zhu G, Cheng Z, Lv T, et al. Zn-doped nanocrystalline TiO$_2$ films for CdS quan-
tum dot sensitized solar cells [J]. Nanoscale, 2010, 2: 1229 ~ 1232.

[85] Santra P K, Kamat P V. Mn-doped quantum dot sensitized solar cells: a strategy
to boost efficiency over 5% [J]. Journal of the American Chemical Society,
2012, 134: 2508 ~ 2511.

3 ZnO 和 In₂S₃ 在太阳能电池中的应用

3.1 ZnO 的性质及其在太阳能电池中的应用

ZnO 是一种传统的 Ⅱ-Ⅵ族半导体材料，其发射波长对应近紫外光区，因此在短波发光器方面有很大的应用潜力。ZnO 还具有较优的压电性质，在压电传感器方面也有广泛的应用。此外，ZnO 在化妆品、催化剂、陶瓷、紫外光探测器、气敏传感器、太阳能电池等方面都有广泛的应用[1]。纳米 ZnO 是指粒径介于 1 ~ 100nm 之间的 ZnO，易于制备，形貌丰富可控。在光、电、磁等方面都表现出不同于块体ZnO 的奇妙性质，受到各方面研究人员的关注。

3.1.1 ZnO 的基本性质

ZnO 是一种直接带隙半导体材料，常温下禁带宽度为 3.37eV，激子束缚能为 60meV。ZnO 晶体主要有两种结构，六方纤锌矿和立方闪锌矿，如图 3-1 所示[2]。这两种结构都具有中心对称性，但没有轴对称性，每个锌原子（或氧原子）都可以与相邻的 4 个氧原子（锌原子）组成以其为中心的四面体。自然状态下，纤锌矿结构 ZnO 最

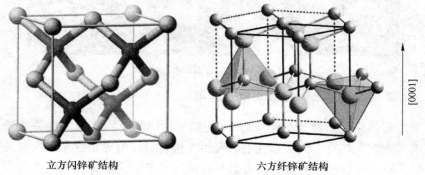

立方闪锌矿结构　　　　　　　　六方纤锌矿结构

图 3-1　具有立方闪锌矿结构和六方纤锌矿结构的 ZnO 的晶体结构示意图[2]

具热力学稳定性，因此也最为常见。

六方纤锌矿结构的晶格常数为 $a = 0.32495\text{nm}$ 与 $c = 0.52069\text{nm}$，沿 c 轴方向具有很强的极性，由锌原子组成的 (0001) 面和氧离子组成的 (000$\bar{1}$) 面为两个不同的极性面[1]。另两个常见的晶面 {2$\bar{1}\bar{1}$0} 和 {01$\bar{1}$0} 是非极性面，它们的表面能低于 {0001} 晶面的表面能，由于晶体的各向异性，晶体沿各个方向的生长速率是不同的[3]。实验中可以通过控制反应条件来实现各晶面表面活性的调整，从而使晶体沿着各方向的生长速率可控，实现不同形貌不同取向生长的 ZnO 的制备[4]。图 3-2 为 Wang[4] 小组制备的各种不同形貌的 ZnO 纳米结构，如纳米带、纳米弹簧、纳米环、纳米笼、纳米刷、纳米管等。

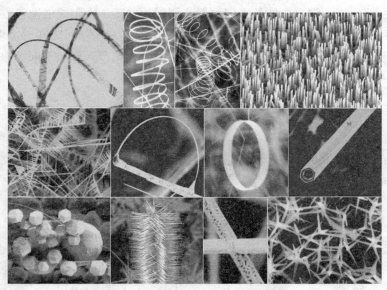

图 3-2　不同形貌的 ZnO 纳米结构[4]

3.1.2　ZnO 在太阳能电池中的应用

近年来，随着 ZnO 微/纳米结构制备的迅猛发展，对其相关性质的研究成了热点。其中以光电、气敏、催化、压电等特性尤其引人关注。ZnO 作为一种廉价、无毒且具有优良的电子传输特性的宽禁带半导体材料，被广泛地应用在太阳能电池研究领域。如铝元素掺杂的

ZnO 透明导电玻璃（AZO）常被用作太阳能电池的收集电极，被认为是最有希望替代 ITO 薄膜的材料之一[5]；透明的本征 ZnO 半导体薄膜可以用作 CdTe 太阳能电池的高阻缓冲层[6]。

敏化太阳能电池常用 TiO$_2$ 作为光阳极材料。ZnO 的能带结构和电子亲和力与 TiO$_2$ 相似，而且 ZnO 的电子迁移率是 TiO$_2$ 的 10 ~ 100 倍。ZnO 的制备方法更简单多样，形貌丰富可控，因此也常被用作敏化太阳能电池的光阳极。早期关于 ZnO 基染料敏化太阳能电池的研究也是基于多孔结构薄膜进行的，电池的效率在 0.4% ~ 2.2% 范围内[7]。后来，为了提高电子的传输效率，人们开始对一维有序结构的 ZnO 进行敏化太阳能电池的研究。Chen[8] 和他的同事采用连续注射（CFI）的方法替代传统多次生长的方法制备了电子传输性能优异的长度为 10 ~ 25 μm 的 ZnO 纳米棒阵列，并在此基础上沉积了 ZnO 纳米颗粒（如图 3-3 所示），此结构既满足了量子点沉积所需要的高

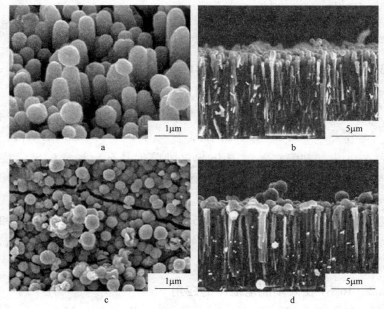

图 3-3　ZnO 纳米线 – 纳米球复合结构[8]

a，b—纳米颗粒生长 8h 的 ZnO 纳米线 – 纳米球复合结构的正面和侧面图；

c，d—纳米颗粒生长 20h 的 ZnO 纳米线 – 纳米球复合结构的正面和侧面图

比表面积，又为电子传输提供了定向通道，由此制备的 DSSC 效率达到 6.8%，将此结构应用于 QDSC 有望取得较好的电池性能。为了进一步提高 ZnO 光阳极的比表面积，Ko[9] 和他的团队采用水热方法制备了森林状的 ZnO 纳米线分层结构，如图 3-4 所示；Wang[10] 和他的团队采用电化学沉积的办法在 ITO 上制备了 ZnO 纳米棒 – 纳米片复合分层结构等，此类结构都有望使 QDSC 取得较好的电池性能。

图 3-4　ZnO 纳米线纳米森林结构薄膜 SEM 图[9]

3.2　In₂S₃ 在太阳能电池中的应用

3.2.1　In₂S₃ 的基本性质

In₂S₃ 是典型的Ⅲ-Ⅵ族硫化物，它具有 3 种不同的缺陷结构：分别为 α-In₂S₃（缺陷立方）、β-In₂S₃（缺陷尖晶石）和 γ-In₂S₃（层状结构）。在室温下可以稳定存在的是 β-In₂S₃。它的带隙宽度是 2.0 ~ 2.3eV，在未掺杂的情况下一般呈 n 型。密度为 4.6 ~ 4.9g/cm³，熔点为 1050℃，相对分子质量为 325.82。常温下稳定，不溶于水和稀酸，225℃开始氧化，生成 InS，460℃进一步氧化生成 In₂(SO₄)₃，540℃生成 In₂O₃。

3.2.2　In₂S₃ 在太阳能电池中的应用

β-In₂S₃ 具有优良的光学性能、声学性能、电学性能和光电化学特性[11~18]，这些性能使得 In₂S₃ 纳米材料在许多领域具有重要的应用前景，其中备受瞩目和期待的还是其在太阳能电池中应用。

In$_2$S$_3$ 可以应用在 CIGS 薄膜太阳能电池中。标准的下基底型 CIGS 太阳能电池中的 CdS 缓冲层的厚度只有 100nm 左右，却发挥着至关重要的作用。因为 ZnO 和 CIGS 层晶格匹配不理想，如果直接让这两层接触构成异质结，会制约光电转换效率的提高。另外，CdS 缓冲层可以防止 CIGS 层和 ZnO 两层薄膜之间的相互扩散，避免了 ZnSe 和 In$_2$O$_3$ 等化合物的生成。但众所周知，Cd 是一种有毒的元素，含有 Cd 的尘埃会通过呼吸道对人类和其他动物造成危害，大规模的生产会对环境造成严重的污染，所以现在的一个研究热点就是寻找能够代替 CdS 的材料。目前，已经取得成效的替代物有 ZnS、ZnSe、Zn(O，H，S)、ZnIn$_2$Se$_4$、Zn$_x$Mg$_{1-x}$O 和 In$_2$S$_3$ 等。其中，In$_2$S$_3$ 的禁带宽度与 CdS 接近，且不含有毒元素，是代替 CdS 的最具潜力的材料之一，其能带结构如图 3-5 所示。CdS 缓冲层主要使用简单的化学水浴法制备，同样 In$_2$S$_3$ 也可以通过这个方法获得，优点是对先前沉积的吸收层材料的影响很小。而且由于 In$_2$S$_3$ 的组成元素 In、S 与 CIGS 电池包含的元素相同，削弱了吸收层与缓冲层之间的界面态，从而有利于减少光生载流子在界面处的复合。2003 年，N. Naghavi 等

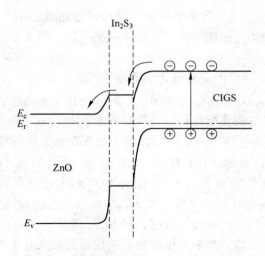

图 3-5　CIGS 薄膜太阳能电池异质结能带图

人采用原子层化学气相沉积法制备了 In$_2$S$_3$ 作为缓冲层的下基底型 CIGS 太阳能电池，光电转换效率达到 16.4%[19]。非常接近使用 CdS 作为缓冲层的标准的太阳能电池的转换效率（19.9%）。2005 年，John 等采用高温热解法研制的结构为玻璃/ITO/CIS/In$_2$S$_3$/Ag 的上基底型太阳能电池效率达到了 9.5%[20]。

T. Dittrich 等[21]还将 In$_2$S$_3$ 用于制作 ZnO-nanorod/In$_2$S$_3$/CuSCN 光伏器件，其研究结果表明经过退火处理之后器件的开路电压、短路电流和外部量子效率均有明显提高，同时提出退火过程导致 Cu 元素向 In$_2$S$_3$ 扩散是光响应特性提高的重要原因。此外，B. Asenjo 等[22]还将 In$_2$S$_3$ 与 ZnS 结合，用做 CuInS$_2$/buffer/ZnO 太阳能电池的过渡层，其实验结果表明获得的过渡层的成分主要为 In$_2$S$_3$ 和 In$_2$O$_3$，同时伴有 0.1% 的 Zn 元素，与单纯的 In$_2$S$_3$ 薄膜作为过渡层的电池相比，其 I-V 特性显著增强。A. Belaidi 等[23]采用喷射热解法在 ZnO 纳米棒阵列的表面沉积了厚度极薄的 In$_2$S$_3$ 过渡层，并在其上继续沉积 CuSCN，得到太阳能电池的量子效率在 450~550nm 之间接近 50%，光电转换效率达到 2.8%，类似结构的太阳能电池如 TiO$_2$/In$_2$S$_3$/CuSCN 则获得了 2.3% 的光电转换效率[24]。此外，M. Mathew 等[25]还在 In$_2$S$_3$ 薄膜中掺杂银（Ag）元素，薄膜的带隙宽度可以通过 Ag 的掺杂量来调节，掺杂之后薄膜的光敏度增强，电阻率减小，是一种非常理想的过渡层材料。

In$_2$S$_3$ 还可以应用在光电化学电池中[26~33]。2008 年，I. Puspitasari 等[34]报道了以 ITO/In$_2$S$_3$ 为光阳极材料的光化学电池在氙灯模拟的光照下表现出良好的光响应特性，薄膜的形貌和光响应性质如图 3-6a、b 所示；2011 年，X. Meng 等[35]报道了基底在预处理的前提下水浴法制备的 In$_2$S$_3$ 薄膜同样表现出很明显的光响应特性。此外，S. K. Sarkar 等[36]报道了 In$_2$S$_3$ 敏化的 TiO$_2$ 纳米管阵列的光电化学电池的光电转换效率为 0.36%。图 3-7a、b、c 分别为敏化前后的形貌及光化学电池的 J-V 曲线。目前，对 In$_2$S$_3$ 薄膜的光电化学性质的研究还处于探索阶段，尚需大量的努力来挖掘其在光电化学电池领域的应用潜力。

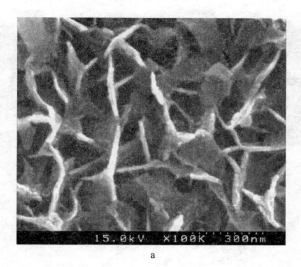

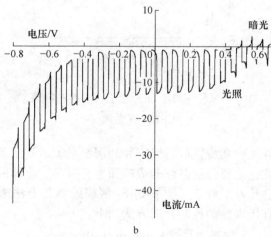

图 3-6 In₂S₃ 薄膜的形貌图 （a）与 *I-V* 特性曲线图 （b）

3.2.3 β-In₂S₃ 薄膜的制备方法

在纳米材料的制备过程中，不同的合成方法和制备条件都会对薄膜的结构和形貌产生很大的影响，进而影响其物理和化学性质。因

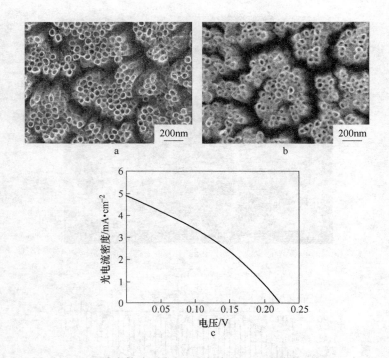

图 3-7　TiO₂ 纳米管阵列在 In₂S₃ 复合前后的形貌图 (a, b) 与
光照下的 J-V 曲线 (c)

此，为了更好地对其特性进行研究和利用，必须对其制备方法和合成
过程进行研究，主要包括晶体的成核和生长过程、晶体的物相和形貌
等。目前，已开发了许多关于 β-In₂S₃ 薄膜的制备方法来改善和调控
其性能，较有代表性的控制合成方法如下。

3.2.3.1　气相沉积法（Vapor deposition）

A　热蒸发法

热蒸发是一种典型的物理制膜方法，通常在真空条件下进行。将
材料源（金属、金属合金或化合物）的表面气化成气态原子、分子
或部分电离成离子，并通过低压气体过程在基底表面沉积薄膜，蒸发
的方法通常使用电阻或高频感应加热。热蒸发法制备的薄膜具有纯度
高、结晶性好和粒度可控等优点，不足之处在于此种方法的技术条件

要求较高。目前，已经有多个研究小组采用这种方法来获得 In$_2$S$_3$ 薄膜[37~41]。例如：A. Timoumi 等[42]将 In 与 S 粉混合制成 In$_2$S$_3$ 锭作为蒸发源，在玻璃基底上沉积了无定形态的 In$_2$S$_3$ 薄膜，在经过退火处理之后，薄膜晶化并且与基底附着得更加牢固；N. Barreau 等[43]利用热蒸发法分步沉积了 In 层和 S 层，并在高温条件下热处理得到 In$_2$S$_3$ 薄膜；Revathi 等[44]则直接使用 In$_2$S$_3$ 粉末作为蒸发源，通过近程蒸发法一步制备了 In$_2$S$_3$ 薄膜，其光透过率和带隙宽度分别为 78% 和 2.49eV，是一种理想的窗口层薄膜；M. M. El-Nahass 等[45]在高真空条件下，在玻璃和石英基底上沉积了 In$_2$S$_3$ 薄膜，并通过调节退火温度来调控其带隙宽度。

B 原子层沉积法

原子层沉积法是将气相前驱体脉冲交替地通入反应容器，第一种反应前驱体会化学吸附在基底上，当第二种前驱体通入反应容器时，就会与已经吸附在基底表面的前一种前驱体发生反应而形成薄膜。这种方法使物质以单原子膜的形式一层一层地镀在基底表面上。优点是可以精确地控制薄膜的厚度，而且成膜的质量非常好，在厚度很薄的薄膜器件制备方面具有绝对优势。N. Naghavi 等[46]采用醋酸铟（In(C$_2$H$_3$O$_2$)$_3$）和硫化氢（H$_2$S）气体作为两种反应前驱体，通过原子层沉积法在 FTO 基底上制得了均匀的 In$_2$S$_3$ 薄膜，每个脉冲循环得到的薄膜的厚度仅为 0.07nm，最终制得的薄膜厚度约为 100nm，而且其电学性质优良，与 CIGS 电池中 CdS 过渡层的性质类似；S. K. Sarkar 等[36]也采用此法在 TiO$_2$ 纳米管阵列上沉积了 In$_2$S$_3$ 薄层，制得的光化学电池光电转换效率达到 0.36%，这里的 In$_2$S$_3$ 起到了敏化 TiO$_2$ 的作用；S. Spiering 等[47]采用这种方法制备 CIGS 电池中的 In$_2$S$_3$ 过渡层，获得了 14.9% 的光电转换效率。

C 金属有机物化学气相沉积法

此种方法主要通过载流气体将有机金属反应源的饱和蒸气带至反应腔中，使之与其他反应气体混合，然后在基底表面发生化学反应生成薄膜。一般情况下，载流气体为氢气（H$_2$），特殊情况下也可以采用氮气（NH$_3$）。这种方法常用来制备Ⅲ-Ⅴ化合物半导体材料，如

GaAs、InP 等。它的不足之处在于使用的有机金属化合物往往都是有毒物质，其反应产物也通常是有毒气体，需要做尾气处理。M. Afzaal 等[48]将 Et₂In(S₂CNMenBu) 金属有机物作为反应源，利用气相沉积法在玻璃基底上制得了 In₂S₃ 纳米棒阵列，这是为数不多的关于 In₂S₃ 纳米棒阵列的报道。

D 硫化法 (sulfurization method)

硫化法即先通过磁控溅射或电化学沉积等方法获得铟金属或铟的化合物 (In₂O₃，In(OH)₃)，再硫化成 In₂S₃[49, 50]。硫化的过程可以在液相也可以在硫的气氛中进行。研究表明，硫化处理过程不仅是获得硫化物的一种途径，而且可以起到增大薄膜的粒子尺寸和增强薄膜结晶性的作用，目前硫化技术已经很成熟，在德国已经建立了针对铜铟硫电池的生产线。A. Datta 等[51]首先通过电化学沉积的方法制备了金属铟，再将其在 H₂S 的气氛中硫化而得到 In₂S₃ 纳米棒薄膜；J. B. Shi 等[52]借助阳极氧化铝模板电沉积了金属铟纳米线，再将其置于硫粉中高温加热得到 In₂S₃ 纳米线；P. M. Sirimanne 等[28]将 In₂O₃ 粉末用压缩的方式制成薄膜后做退火处理，在 H₂S 的气氛下硫化制得了 In₂S₃/In₂O₃ 结构，以其作为光阳极的光化学电池的 IPCE 值可达 80%。

3.2.3.2 液相化学合成法 (Chemical bath deposition)

A 喷雾热解法 (spray pyrolysis method)

喷雾热解法是一种低成本、非真空的薄膜制备技术。其基本原理是利用压电陶瓷换能器的晶片将金属盐溶液雾化成大量的微液粒，并通过载气将液粒载到基底表面，同时基底可以加热，能够将金属盐热解从而形成薄膜[53~57]。A. Belaidi 等[23]用这种方法在氧化锌 (ZnO) 纳米棒阵列上沉积了 In₂S₃ 薄膜，制成的 ZnO/In₂S₃/CuSCN 电池的光电转换效率为 2.8%；T. T. John 等[20]通过喷射热解法制备了 CIS/In₂S₃ 薄膜太阳能电池，获得了高达 9.5% 的光电转换效率。

B 化学水浴法

顾名思义，水浴法是利用水浴加热制备薄膜的方法。该方法的优点是工艺简单，反应条件易于控制，利于大面积、低成本制备半导体薄膜。B. Asenjo 等[58]采用这种方法在 ITO 表面上沉积 In$_2$S$_3$ 薄膜,表面光电压测试其电学性质结果表明,其适于用作 CIGS 太阳能电池中的过渡层,但不足之处为其膜层较厚,导致透光性较差;M. G. Sandoval-Paz 等[59]在化学水浴沉积了 In$_2$S$_3$ 薄膜的基础之上退火处理,发现了其结构有立方相向四方相的转变;D. Dwyer 等[60]也采用这种方法制得了 InS 薄膜,但其中有 O 杂质存在。采用水浴法制备 In$_2$S$_3$ 薄膜虽无需在苛刻的条件下进行,但因生长过程中温度较低,导致常有杂相存在,且薄膜的结晶性不好,往往需要进一步的退火处理[61~70]。

C 连续离子层吸附与反应法(successive ionic adsorption and reaction,SILAR)

SILAR 方法是法国科学家 Y. K. Nicolau 在 1985 年首次提出的[71],用于获得 CdS 和硫化锌(ZnS)薄膜。它的沉积原理是利用特定溶液中的前驱体离子或离子团化学吸附在基底材料表面,进而这些吸附的离子间发生化学反应,最终沉积于基底表面形成固态薄膜。此方法的优点为:设备简单,材料利用率高,可以在常温常压下大面积成膜,污染小,而且可以通过改变前驱体溶液中的离子浓度和"吸附—反应"的次数来控制薄膜的厚度[72~75]。R. S. Mane 等[76]采用 SILAR 方法成功地在玻璃基底上沉积了无定形和立方结构混合的 In$_2$S$_3$ 薄膜;在此基础之上,Pathan 等[77]通过在前驱体溶液中引入三乙醇胺和水合肼的混合物,提高了 In$_2$S$_3$ 薄膜的结晶性。

D 电化学沉积法(electrochemical deposition)

电沉积是将金属盐溶解在无机或有机溶剂中。采用电化学沉积法可以获得各种晶粒尺寸的纳米材料,且其制备成本相对物理法和其他方法要低得多,极具工业价值。不足之处是采用单纯的电沉积设备难以做到组分的精确控制,暴露于空气中的沉积过程也容易造成污染。B. Asenjo 等[78]首次采用这种方法在 Mo 片表面沉积了 In$_2$S$_3$ 薄膜,并通过退火处理提高了薄膜的结晶性,但对其进行的结构分析结果显示其中含有 In$_2$O$_3$ 等杂相;T. Todorov 等[79]在脉冲搅拌的辅助下通过电化学沉积法制得 In$_2$S$_3$ 过渡层,并将其应用于铜铟硫(CIS)太阳能电池中，获得了 7.1% 的光电转换效率。

3.2.4　β-In$_2$S$_3$ 粉体的制备方法

在众多半导体材料中，In$_2$S$_3$ 因其优良的光学性能、声学性能、电学性能和光电化学特性而受到了人们的重视，对其粉体材料的研究也成为一个热门话题。In$_2$S$_3$ 粉体的制备方法主要有水热合成法、溶剂热合成法和固相合成法等。

3.2.4.1　水热合成法

水热合成法是一种目前常见且有效的用于制备 In$_2$S$_3$ 的方法[80~85]。水热合成法通常是在一个特制的密闭容器（高压反应釜）中进行，通过加热使水溶液体系产生一个高温高压的反应环境而进行的无机合成和材料制备。在水热合成的过程中，由于水处于高温高压状态，可以作为压力的传媒剂，并且在这种条件下，绝大多数的反应物都能完全或部分溶解，进而使反应在近似均相的环境中进行。水热合成法的优点是：反应设备简单，成本低，且容易操作；反应产物的纯度高、晶形好、单分散性好，而且可以通过简单地改变实验参数来调控产物的形貌及尺寸。

目前水热法已经广泛用于制备纳米 In$_2$S$_3$ 粉体，获得的粉体的形貌和性质也各有不同，如图 3-8 所示。Zhao 等[86]用水热合成法在十二硫醇的辅助下制备了由纳米片组装而成的 In$_2$S$_3$ 中空球，在 381nm 和 403nm 处表现出发光性质，将其在 600℃的条件下做退火处理得到了 In$_2$O$_3$，它保持了 In$_2$S$_3$ 的形貌，并且在 425nm 处观察到发光峰，这与体材 In$_2$O$_3$ 在室温下不发光的习性截然不同；Gao 等[87]以水和二甲基亚砜的亚稳混合溶液作为溶剂合成了 In$_2$S$_3$ 半球壳形粉末，这种粉末是一种非常好的催化剂载体，Ag 很容易与之结合形成 In$_2$S$_3$-Ag 复合型催化剂，复合之后的粉末 NO 的电催化能力大幅度提高；A. Datta 等[88]在溴化十六烷三甲基胺（CTAB）的辅助下水热合成了树枝状的 In$_2$S$_3$，其光学性质结果表明它的发光强度大于体材的 In$_2$S$_3$，其电子跃迁的位置在 378~380nm，表现出量子限域效应；而且，他们还用水热合成法制备了微米尺度的 In$_2$S$_3$ 绒球[89]，同样表现出量子限域效应和绿光发光性质，把这种形貌的样品退火之后得到的是 In$_2$O$_3$ 为双锥八面体结构，与 Zhao 的实验结果不同，说明 In$_2$S$_3$ 形貌对 In$_2$O$_3$ 形貌有至关重要的影响；Chen 等[90]水热合成了花状结构的多孔 In$_2$S$_3$，具有超大的比表面积（78m^2/g），且其孔径大小呈现双峰式分布，这些特点使其在催化产业、光学产业和氢能储存等方面具有潜在的应用价值；Liu 等[91]研究了菊花状的 In$_2$S$_3$ 微球向中空微球的转变，电化学测量结果显示 In$_2$S$_3$ 具有比石墨等材料更高的 Li 嵌入能力，可以在一定程度上改善阳极材料的循环性能。通过以上的文献可以看出，水热合成法是获得形貌可控和性质各异的 In$_2$S$_3$ 的一种有效方法。

图 3-8　不同形貌的 In$_2$S$_3$ 粉体

3.2.4.2　溶剂热合成法

溶剂热合成法是水热合成法的发展，不同之处在于前者使用的溶剂是有机溶剂而不是水。同样，该方法具有易控制和产物分散性好等优点。而且，采用有机溶液作为反应介质能够利用其极性或非极性、配位等特性制备出一些具有特殊性质和结构的纳米材料[92~99]。

Y. H. Kim 等[100]以油胺作为溶剂，在 220℃的条件下制得了纳米管状的 In₂S₃，油胺作为一种具有长烃链的表面活性剂促进了 In₂S₃ 纳米粒子的生长，而且它可以选择性吸附在 In₂S₃ 纳米粒子的（111）面上，利于粒子间发生定向碰撞，与此同时，体系中的热能使粒子发生取向附生，也就是说这两种因素的共同作用促进了纳米管的最终形成；Du 等[101]采用嘧啶溶剂热法制备了超薄的 In₂S₃ 纳米带，测试结果显示其光吸收行为表现出强烈的量子限域效应，光致发光也发生蓝移，而且它对甲基蓝具有非常好的光催化作用，说明其在光催化领域具备潜在的应用价值。

参 考 文 献

[1] 陈建林，陈荐，贺建军，等. 氧化锌透明导电薄膜及其应用 [M]. 北京：化学工业出版社，2011.

[2] http://baike.zidiantong.com/y/yanghuaxin136041.htm.

[3] Kong X Y, Wang Z L. Polar-surface dominated ZnO nanobelts and the electrostatic energy induced nanohelixes, nanosprings, and nanospirals [J]. Applied Physics Letters, 2004, 84: 975.

[4] Wang Z L. Nanostructures of zinc oxide [J]. Materials Today, 2004, 7: 26~33.

[5] Crossay A, Buecheler S, Kranz L, et al. Spray-deposited Al-doped ZnO transparent contacts for CdTe solar cells [J]. Solar Energy Materials and Solar Cells, 2012, 101: 283~288.

[6] Romeo N, Bosio A, Mazzamuto S, et al. The Role of Single Layers in the Performance of CdTe/CdS thin film solar cells [A]. Proceedings of 25th Photovoltaic Energy Conference and Exhibition [C]. Parma: 2005.

[7] Zhang Q, Dandeneau C S, Zhou X, et al. ZnO nanostructures for dye-sensitized solar cells [J]. Advanced Materials, 2009, 21: 4087~4108.

[8] Chen L Y, Yin Y T. Efficient electron transport in ZnO nanowire/nanoparticle dye-sensitized solar cells via continuous flow injection process [J]. RSC Advances, 2013, 3: 8480.

[9] Ko S H, Lee D, Kang H W, et al. Nanoforest of hydrothermally grown hierarchical ZnO nanowires for a high efficiency dye-sensitized solar cell [J]. Nano Letter, 2011, 11: 666~671.

[10] Qiu J, Guo M, Wang X, et al. Electrodeposition of hierarchical ZnO nanorod-

nanosheet structures and their applications in dye-sensitized solar cells [J]. ACS Applied Materials Interfaces, 2011, 3: 2358 ~2367.

[11] Dattatri K Nagesha, Xiaorong Liang, Arif A Mamedov, et al. In_2S_3 nanocolloids with excitonic emission: In_2S_3 vs CdS comparative study of optical and structural characteristics [J]. The Journal of Physical Chemistry, 2001, 105: 7490 ~7498.

[12] Gorai S, Guha P, Ganguli D, et al. Chemical synthesis of β-In_2S_3 powder and its optical characterization [J]. Materials Chemistry and Physics, 2003, 82: 974 ~ 979.

[13] Wei Chen, Jan Olov Bovin, Alan G Joly, et al. Full-color emission from In_2S_3 and In_2S_3:Eu^{3+} nanoparticles [J]. The Journal of Physical Chemistry B, 2004, 108: 11927 ~11934.

[14] Zhu Hui, Wang Xiaolei, Yang Wen, et al. Indium sulfide microflowers: fabrication and optical properties [J]. Materials Research Bulletin, 2009, 44: 2033 ~ 2039.

[15] Anuja Datta, Amitava Patra. Bright white light emission from In_2S_3:Eu^{3+} nanoparticles [J]. Journal of Physics D: Applied Physics, 2009, 42: 145116.

[16] Wang Yiping, Ching-Hwa Ho, Huang Yingsheng. The study of surface photoconductive response in indium sulfide crystals [J]. Journal of Physics D: Applied Physics, 2010, 43: 415301.

[17] Faycel Saadallah, Neila Jebbari, Najoua Kammoun, et al. Optical and thermal properties of In_2S_3 [J]. International Journal of Photoenergy, 2011: 734574.

[18] Shazlyy A, Elhadyyz D, Metwallyy H, et al. Electrical properties of thin films [J]. Journal of Physics: Condensed Matter, 1998, 10, 5943 ~5954.

[19] Naghavi N, Spiering S, Powalla M, et al. High-efficiency copper indium gallium diselenide (CIGS) solar cells with indium sulfide buffer layers deposited by atomic layer chemical vapor deposition (ALCVD) [J]. Progress in photovoltaics: research and applications, 2003, 11: 437 ~443.

[20] Teny Theresa John, Meril Mathew, C Sudha Kartha, et al. $CuInS_2/In_2S_3$ thin film solar cell using spray pyrolysis technique having 9.5% efficiency [J]. Solar Energy Materials & Solar Cells, 2005, 89: 27 ~36.

[21] Dittrich T, Kieven D, Belaidi A, et al. Formation of the charge selective contact in solar cells with extremely thin absorber based on ZnO-nanorod/In_2S_3/CuSCN [J]. Journal of Applied Physics, 2009, 105: 034509.

[22] Asenjo B, Chaparro A M, Gutiérrez M T, et al. Study of CuInS₂/buffer/ZnO solar cells with chemically deposited ZnS-In₂S₃ buffer layers [J]. Thin Solid Films, 2007, 515: 6036~6040.

[23] Belaidi A, Dittrich Th, Kieven D, et al. ZnO-nanorod arrays for solarcells with extremely thin sulfidic absorber [J]. Solar Energy Materials & Solar Cells, 2009, 93: 1033~1036.

[24] Christian Herzog, Abdelhak Belaidi, Alex Ogachoab, et al. Inorganic solid state solar cell with ultra-thin nanocomposite absorber based on nanoporous TiO₂ and In₂S₃ [J]. Energy & Environmental Science, 2009, 2: 962~964.

[25] Mathew Meril, Sudha Kartha C, Vijayakumar K P. In₂S₃: Ag, an ideal buffer layer for thin film solar cells [J]. Journal Materials Science: Materials Electron, 2009, 20: S294~298.

[26] Yoichi Yasaki, Noriyuki Sonoyama, Tadayoshi Sakata. Semiconductor sensitization of colloidal In₂S₃ on wide gap semiconductors [J]. Journal of Electroanalytical Chemistry, 1999, 469: 116~122.

[27] Prashant V Kamat, Nada M Dimitrijeviir, Richard W Fessenden. Photoelectrochemlstry in particulate systems. 7. Electron-transfer reactions of indium sulfide semiconductor colloids [J]. The Journal of Physical Chemistry, 1988, 92: 2324~2329.

[28] Prasad Manjusri Sirimanne, Satoshi Shiozaki, Noriyuki Sonoyama, et al. Photoelectrochemical behavior of In₂S₃ formed on sintered In₂O₃ pellets [J]. Solar Energy Materials & Solar Cells, 2000, 62: 247~258.

[29] Kale S S, Mane R S, Lokhande C D, et al. A comparative photo-electrochemical study of compact In₂O₃/In₂S₃ multilayer thin films [J]. Materials Science and Engineering B, 2006, 133: 222~225.

[30] Wonjoo Lee, Jungwoo Lee, Haiwon Lee, et al. Enhanced charge-collection efficiency of In₂S₃/In₂O₃ photoelectrochemical cells in the presence of single-walled carbon nanotubes [J]. Applied Physics Letters, 2007, 91: 043515.

[31] Wonjoo Lee, Sunki Min, Gangri Cai, et al. Polymer-sensitized photoelectrochemical solar cells based on water-soluble polyacetylene and β-In₂S₃ nanorods [J]. Electrochimica Acta, 2008, 54: 714~719.

[32] Fu Xianliang, Wang Xuxu, Chen Zhixin, et al. Photocatalytic performance of tetragonal and cubic β-In₂S₃ for the water splitting under visible light irradiation [J]. Applied Catalysis B: Environmental, 2010, 95: 393~399.

［33］ Ching-Hwa Ho. Enhanced photoelectric-conversion yield in niobium-incorporated In$_2$S$_3$ with intermediate band ［J］. Journal of Materials Chemistry, 2011, 21: 10518 ~ 10524.

［34］ Indra Puspitasari, Gujar T P, Kwang Deog Jung, et al. Simple chemical method for nanoporous network of In$_2$S$_3$ platelets for buffer layer in CIS solar cells ［J］. Journal of Materials Processing Technology, 2008, 201: 775 ~779.

［35］ Meng Xu, Lu Yongjuan, Zhang Xiaoliang, et al. Fabrication and characterization of indium sulfide thin films deposited on SAMs modified substrates surfaces by chemical bath deposition ［J］. Applied Surface Science, 2011, 258: 649 ~656.

［36］ Shaibal K Sarkar, Jin Young Kim, David N Goldstein, et al. In$_2$S$_3$ atomic layer deposition and its application as a sensitizer on TiO$_2$ nanotube arrays for solar energy conversion ［J］. The Journal of Physical Chemistry C, 2010, 114: 8032 ~8039.

［37］ Barreau N, Bernède J C, Marsillac S, et al. New Cd-free buffer layer deposited by PVD: In$_2$S$_3$ containing Na compounds ［J］. Thin Solid Films, 2003, 431 ~ 432: 326 ~329.

［38］ Anuja Datta, Godhuli Sinha, Subhendu K Panda, et al. Growth, optical, and electrical properties of In$_2$S$_3$ zigzag nanowires ［J］. Crystal Growth & Design, 2009, 9: 427 ~431.

［39］ Andreas Othonos, Matthew Zervos. Carrier dynamics in InS nanowires grown via chemical vapor deposition ［J］. Physica Status Solidi A, 2010, 10: 2258 ~2262.

［40］ Revathi N, Prathap P, Miles R W, et al. Annealing effect on the physical properties of evaporated In$_2$S$_3$ films ［J］. Solar Energy Materials & Solar Cells, 2010, 94: 1487 ~ 1491.

［41］ Amlouk A, Boubaker K, Amlouk M. A new procedure to prepare semiconducting ternary compounds from binary buffer materials and vacuum-deposited copper for photovoltaic applications ［J］. Vacuum, 2010, 85: 60 ~64.

［42］ Timoumi A, Bouzouita H, Kanzari M, et al. Fabrication and characterization of In$_2$S$_3$ thin films deposited by thermal evaporation technique ［J］. Thin Solid Films, 2005, 480 ~481: 124 ~ 128.

［43］ Barreau N, Marsillac S, Bernède J C, et al. Investigation of β-In$_2$S$_3$ growth on different transparent conductive oxides ［J］. Applied Physics Science, 2000, 16: 20 ~26.

［44］ Revathi N, Prathap P, Ramakrishna Reddy K T. Thickness dependent physical properties of close space evaporated In₂S₃ films [J]. Solid State Science, 2009, 11: 1288 ~ 1296.

[45] El-Nahass M M, Khalifa B A, Soliman H S, et al. Crystal structure and optical absorption investigations on β-In₂S₃ thin films [J]. Thin Solid Films, 2006, 515: 1796 ~ 1801.

[46] Naghavi N, Henriquez R, Laptev V, et al. Growth studies and characterisation of In₂S₃ thin films deposited by atomic layer deposition (ALD) [J]. Applied Surface Science, 2004, 222: 65 ~ 73.

[47] Spiering S, Hariskos D, Powalla M, et al. CD-free Cu(In, Ga)Se₂ thin-film solar modules with In₂S₃ buffer layer by ALCVD [J]. Thin Solid Films, 2003, 431 ~ 432: 359 ~ 363.

[48] Mohammmad Afzaal, Mohammad A Malik, Paul O'Brien. Indium sulfide nanorods from single-source precursor [J]. Chemical Communications, 2004, 334 ~ 335.

[49] Yoosuf R, Jayaraj M K. Optical and photoelectrical properties of β-In₂S₃ thin films prepared by two-stage process [J]. Solar Energy Materials & Solar Cells, 2005, 89: 85 ~ 94.

[50] Lajnef M, Ezzaouia H. Structural and optical studies of In₂S₃ thin films prepared by sulferization of indium thin films [J]. The Open Applied Physics Journal, 2009, 2: 23 ~ 26.

[51] Datta A, Panda S K, Gorai S, et al. Room temperature synthesis of In₂S₃ micro- and nanorod textured thin films [J]. Materials Research Bulletin, 2008, 43: 983 ~ 989.

[52] Shi J B, Chen C J, Lin Y T, et al. Anodic aluminum oxide membrane-assisted fabrication of β-In₂S₃ nanowires [J]. Nanoscale Research Letters, 2009, 4: 1059 ~ 1063.

[53] Bhira L, Essaidi H, Belgacem S, et al. Structural and photoelectrical properties of sprayed β-In₂S₃ thin films [J]. Physica Status Solidi, 2000, 181: 427 ~ 435.

[54] Teny Theresa John, Bini S, Kashiwaba Y, et al. Characterization of spray pyrolysed indium sulfide thin films [J]. Semiconductor Science and Technology, 2003, 18: 491 ~ 500.

[55] Metin Bedir, Mustafa Öztas. Effect of air annealing on the optical electrical and structural properties of In₂S₃ films [J]. Science in China Series E: Technological Sciences, 2008, 51: 487 ~ 493.

[56] Meril Mathew, Jayakrishnan R, Ratheesh Kumar P M, et al. Anomalous behavior

of silver doped indium sulfide thin films [J]. 2009, 100: 033504.

[57] Enrique Quiroga-González, Wolfgang Bensch, Viola Duppel, et al. Transmission electron microscopy study of copper containing spinel-type In_2S_3 nanocrystals prepared by rapid pyrolysis of a single molecular precursor [J]. Zeitschrift für anorganische und allgemeine Chemie, 2010, 636: 2413~2421.

[58] Asenjo B, Guillén C, Chaparro A M, et al. Properties of In_2S_3 thin films deposited onto ITO/glasssubstrates by chemical bath deposition [J]. Journal of Physics and Chemistry of Solids, 2010, 71: 1629~1633.

[59] Sandoval-Paz M G, Sotelo-Lerma M, Valenzuela-Jáuregui J J, et al. Structural and optical studies on thermal-annealed In_2S_3 films prepared by the chemical bath deposition technique [J]. Thin Solid Films, 2005, 472: 5~10.

[60] Dwyer D, Sun R, Efstathiadis H, et al. Characterization of chemical bath deposited buffer layers for thin film solar cell applications [J]. Physica Status Solidi A, 2010, 207: 2272~2278.

[61] Lokhande C D, Ennaoui A, Patil P S, et al. Chemical bath deposition of indium sulphide thin films: preparation and characterization [J]. Thin Solid Films, 1999, 340: 18~23.

[62] 高志华，刘晶冰，汪浩. 柠檬酸浓度对化学浴沉积硫化铟薄膜形成机理的影响研究 [J]. 无机化学学报, 2001, 27: 1685~1690.

[63] Koichi Yamaguchi, Tsukasa Yoshida, Hideki Minoura. Structural and compositional analyses on indium sulfide thin films deposited in aqueous chemical bath containing indium chloride and thioacetamide [J]. Thin Solid Films, 2003, 431~432: 354~358.

[64] Asenjo B, Chaparro A M, Gutiérrez M T, et al. Quartz crystal microbalance study of the growth of indium (Ⅲ) sulphide films from a chemical solution [J]. Electrochimica Acta, 2004, 49: 737~744.

[65] Asenjo B, Sanz C, Guillén C, et al. Indium sulfide buffer layers deposited by dry and wet methods [J]. Thin Solid Films, 2007, 515: 6041~6044.

[66] Wonjoo Lee, SuJin Baek, Mane R S, et al. Liquid phase deposition of amorphous In_2S_3 nanorods: Effect of annealing on phase change [J]. Current Applied Physics, 2009, 9: S62~64.

[67] Asenjo B, Guillén C, Herrero J, et al. Comparative study of In_2S_3-ITO bilayers deposited on glass and different plastic substrates [J]. Thin Solid Films, 2009, 517: 2320~2323.

[68] Anis Akkari, Cathy Guasch, Michel Castagne, et al. Optical study of zinc blend SnS and cubic In_2S_3 : Al thin films prepared by chemical bath deposition [J]. Journal of Materials Science, 2011, 46: 6285 ~6292.

[69] Kilani M, Yahmadi B, Kamoun Turki N, et al. Effect of Al doping and deposition runs on structural and optical properties of In_2S_3 thin films grown by CBD [J]. Journal of Materials Science, 2011, 46: 6293 ~6300.

[70] Castelo-gonzález O A, Santacruz-ortega H C, Quevedo-lópez M A, et al. Synthesis and characterization of In_2S_3 thin films deposited by chemical bath deposition on polyethylene naphthalate substrates [J]. Journal of Electronic Materials, 2012, 41: 695 ~700.

[71] Nicolau Y L. Solution deposition of thin solid compound films by a successive ionic-layer adsorption and reaction process [J]. Applied Surface Science, 1985, 22 ~23 (2): 1061 ~1074.

[72] Mutlu Kundakçi. The annealing effect on structural, optical and photoelectrical properties of $CuInS_2/In_2S_3$ films [J]. Physica B, 2011, 406: 2953 ~2961.

[73] Pathan H M, Lokhande C D, Kulkarni S S, et al. Some studies on successive ionic layer adsorption and reaction (SILAR) grown indium sulphide thin films [J]. Materials Research Bulletin, 2005, 40: 1018 ~1023.

[74] Ranjith R, Teny Theresa John, Sudha Kartha C, et al. Post-deposition annealing effect on In_2S_3 thin films deposited using SILAR technique [J]. Materials Science in Semiconductor Processing, 2007, 10: 49 ~55.

[75] Kundakci M, Ateş A, Astam A, et al. Structural, optical and electrical properties of CdS, $Cd_{0.5}In_{0.5}S$ and In_2S_3 thin films grown by SILAR method [J]. Physica E, 2008, 40: 600 ~605.

[76] Mane R S, Lokhande C D. Studies on structural, optical and electrical properties of indium sulfide thin films [J]. Materials Chemistry and Physics, 2002, 78: 15 ~17.

[77] Pathan H M, Lokhande C D. Deposition of metal chalcogenide thin films by successive ionic layer adsorption and reaction (SILAR) method [J]. Bulletin Materials Science, 2004, 27: 85 ~111.

[78] Asenjo B, Chaparro A M, Gutiérrez M T, et al. Study of the electrodeposition of In_2S_3 thin films [J]. Thin Solid Films, 2005, 480 ~481: 151 ~156.

[79] Todorov T, Carda J, Escribano P, et al. Electro deposited In_2S_3 buffer layers for $CuInS_2$ solar cells [J]. Solar Energy Materials & Solar Cells, 2008, 92: 1274 ~

1278.

[80] Yu S, Shu L, Qian Y, et al. Hydrothermal preparation and characterization of nanocrystalline powder of β-indium sulfide [J]. Materials Research Bulletin, 1998, 33: 717~721.

[81] Gorai S, Chaudhuri S. Sonochemical synthesis and characterization of cage-like β-indium sulphide powder [J]. Materials Chemistry and Physics, 2005, 89: 332~335.

[82] Liu Yi, Zhang Meng, Gao Yongqian, et al. Synthesis and optical properties of cubic In_2S_3 hollow nanospheres [J]. Materials Chemistry and Physics, 2007, 101: 362~366.

[83] Cao Feng, Shi Weidong, Deng Ruiping, et al. Uniform In_2S_3 octahedron-built microspheres: Bioinspired synthesis and optical properties [J]. Solid State Sciences, 2010, 12: 39~44.

[84] Bai Haixin, Zhang Liuxing, Zhang Yongcai. Simple synthesis of urchin-like In_2S_3 and In_2O_3 nanostructures [J]. Materials Letters, 2009, 63: 823~825.

[85] Liu Lijun, Xiang Weidong, Zhong Jiasong, et al. Flowerlike cubic β-In_2S_3 microspheres: synthesis and characterization [J]. Journal of Alloys and Compounds, 2010, 493: 309~313.

[86] Zhao Pingtang, Huang Tao, Huang Kaixun. Fabrication of indium sulfide hollow spheres and their conversion to indium oxide hollow spheres consisting of multipore nanoflakes [J]. The Journal of Chemical Physics C, 2007, 111: 12890~12897.

[87] Gao Peng, Xie Yi, Chen Shaowei, et al. Micrometre-sized In_2S_3 half-shells by a new dynamic soft template route: properties and applications [J]. Nanotechnology, 2006, 17: 320~324.

[88] Datta A, Gorai S, Ganguli D, et al. Surfactant assisted synthesis of In_2S_3 dendrites and their characterization [J]. Materials Chemistry and Physics, 2007, 102: 195~200.

[89] Anuja Datta, Subhendu K Panda, Dibyendu Ganguli, et al. In_2S_3 micropompons and their conversion to In_2O_3 nanobipyramids: simple synthesis approaches and characterization [J]. Crystal Growth & Design, 2007, 7: 163~169.

[90] Chen Liyong, Zhang Zude, Wang Weizhi. Self-assembled porous 3d flowerlike β-In_2S_3 structures: synthesis, characterization, and optical properties [J]. The Journal of Physical Chemistry C, 2008, 112: 4117~4123.

[91] Liu Lu, Liu Huajie, Kou Huizhong, et al. Morphology control of β-In$_2$S$_3$ from chrysanthemum-like microspheres to hollow microspheres: synthesis and electro-chemical properties [J]. Crystal Growth & Design, 2009, 9: 113 ~ 117.

[92] Xiong Yujie, Xie Yi, Du Guoan, et al. A solvent-reduction and surface-modifica-tion technique to morphology control of tetragonal In$_2$S$_3$ nanocrystals [J]. Journal of Materials Chemistry, 2002, 12: 98 ~ 102.

[93] Xiong Yujie, Xie Yi, Du Guoan, et al. A novel in situ oxidization-sulfidation growth route via self-purifcation process to β-In$_2$S$_3$ dendrites [J]. Journal of Solid State Chemistry, 2002, 166: 336 ~ 340.

[94] Kang Hyun Park, Kwonho Jang, Seung Uk Son. Synthesis, optical properties, and self-assembly of ultrathin hexagonal In$_2$S$_3$ nanoplates [J]. Angwandte Che-mie International Edition, 2006, 45: 4608 ~ 4612.

[95] Liu Guodong, Jiao Xiuling, Qin Zhenhua, et al. Solvothermal preparation and visible photocatalytic activity of polycrystalline β-In$_2$S$_3$ nanotubes [J]. Cryseng-comm, 2011, 13: 182 ~ 187.

[96] Huang N M. Synthesis and characterization of In$_2$S$_3$ nanorods in sucrose ester wa-ter-in-oil microemulsion [J]. Journal of Nanomaterials, 2011: 815709.

[97] Matthew A Franzman, Richard L Brutchey. Solution-phase synthesis of well-de-fined indium sulfide nanorods [J]. Chemistry of Materials, 2009, 21: 1790 ~ 1792.

[98] Ning Jiajia, Men Kangkang, Xiao Guanjun, et al. Synthesis, optical properties and growth process of In$_2$S$_3$ nanoparticles [J]. Journal of Colloid and Interface Science, 2010, 347: 172 ~ 176.

[99] Pulakesh Bera, Sang Il Seok. Facile-chelating amine-assisted synthesis of β-In$_2$S$_3$ nanostructures from a new single-source precursor derived from S-methyl dithio-carbazate [J]. Journal of Nanoparticles Research, 2011, 13: 1889 ~ 1896.

[100] Yu-Hee Kim, Jong-Hak Lee, Dong-Wook Shin, et al. Synthesis of shape-con-trolled β-In$_2$S$_3$ nanotubes through oriented attachment of nanoparticles [J]. Chemical Communications, 2010, 46: 2292 ~ 2294.

[101] Du Weimin, Zhu Jun, Li Shixiong, et al. Ultrathin β-In$_2$S$_3$ nanobelts: shape-controlled synthesis and optical and photocatalytic properties [J]. Crystals Growth & Design, 2008, 8: 2130 ~ 2136.

4 CdSe 敏化 Al 掺杂 ZnO 纳米棒阵列复合薄膜的制备及其光电化学性能

4.1 引言

　　量子点敏化太阳能电池（QDSCs）是由光阳极、电解液和对电极所组成的"三明治"式结构电池，可以对电池的各个组分进行探索研究，以提高电池的光电转换效率。其中，光阳极主要起到吸收光子并产生光生载流子的作用，还要对光生电子起到收集和传输的作用，所以对光阳极的改进可以直接影响电池的效率。ZnO 是一种常见的太阳能电池光阳极材料。研究表明一维结构的 ZnO 晶体[1,2]，包括纳米棒、纳米管和纳米线，可以通过提供直接的电子传输通道从而提高电子传输速率，有效地降低光生载流子的复合概率。

　　由于 ZnO 的禁带宽度比较大（3.37eV），它的吸收范围被限制在紫外光区。大量的工作用来研究拓宽 ZnO 光阳极在可见光区的光响应。典型的办法有元素掺杂[3~5]（包括非金属元素和金属元素）、染料敏化[6]和无机半导体量子点敏化。掺杂的方法为使杂质原子进入 ZnO 晶格中，导致禁带宽度减小，进而实现了 ZnO 在可见光区的吸收。DSSCs 具有成本低、制作工艺简单、易于大规模生产等特点，被认为是最有可能替代硅太阳能电池的新型太阳能电池。瑞士洛桑联邦理工学院的 Michael Grätzel[7] 小组所制备的固态 DSSCs 已经取得了15%的高效率。但是由于有机染料存在长期稳定性差、染料的激发态寿命短等特点，选择合适的敏化剂是提高敏化电池性能的一个关键点。相比之下，虽然目前 QDSCs 的表现还不及 DSSCs，但 QDSCs 所采用的敏化剂，即无机半导体量子点，可以很好地解决有机染料存在的诸多问题[8]。量子点敏化剂所具备的优异特性有：（1）量子点的量子限域效应显著，可以通过控制自身尺寸来改变禁带宽度，从而拓宽对太阳光谱的吸收范围；（2）量子点具有多激子效应；（3）无机半导体量子点比有机染料有更好的光学稳定性。因此，QDSCs 是一种非常有应用前景的新型太阳能电池。

本章将采用水热合成方法制备 ZnO 和 Al 掺杂的 ZnO（AZO）纳米棒阵列薄膜，对其形貌和结构进行了表征，采用连续离子层吸附（SILAR）方法在所得纳米棒表面沉积 CdSe 量子点，并对其光吸收特性和光电化学性能进行考察。

4.2 实验试剂和仪器设备

4.2.1 实验试剂

实验所使用的试剂均为分析纯未再经过进一步的纯化，主要试剂如表 4-1 所列。

表 4-1　实验所用化学试剂

药品名称	药品化学表达式	生产厂家
硝酸锌	$Zn(NO_3)_2 \cdot 6H_2O$	国药集团化学试剂股份有限公司
六次甲基四胺	$C_6H_{12}N_4$	国药集团化学试剂股份有限公司
氯化铝	$AlCl_3$	天津市光复精细化工研究所
乙酸锌	$Zn(CH_3COO)_2 \cdot 2H_2O$	西陇化工股份有限公司
氢氧化钠	$NaOH$	北京化工厂
柠檬酸钠	$C_6H_5Na_3O_7 \cdot 2H_2O$	北京化工厂
硫化钠	$Na_2S \cdot 9H_2O$	西陇化工股份有限公司
硒粉	Se	天津市科密欧化学试剂有限公司
亚硫酸钠	Na_2SO_3	北京化工厂
硝酸镉	$Cd(NO_3)_2 \cdot 4H_2O$	天津市光复精细化工研究所
氨水	$NH_3 \cdot H_2O$	天津市富宇精细化工有限公司
乙醇	C_2H_5OH	北京化工厂
甲醇	CH_3OH	天津市富宇精细化工有限公司
丙酮	C_3H_6O	北京化工厂
盐酸	HCl	北京化工厂
高纯氮气	N_2	长春特种气体有限公司

4.2.2 仪器设备

实验所使用的仪器设备基本信息见表4-2。

表 4-2 实验所使用的仪器设备基本信息

仪 器 名 称	型 号	生 产 厂 家
精密电子天平	PL-203 型	Mettler-Toledo-Group
磁力搅拌器	JJ-1 型	常州国华仪器厂
超声波清洗器	KQ-300	江苏昆山市超声仪器有限公司
电热真空干燥箱	ZKF035	上海实验仪器有限公司
马弗炉	SK-4-12	上海意丰电炉有限公司
管式电阻炉	LGG-1-2	上海松电电工厂
X 射线衍射仪（XRD）	Rigaku D/max-rA 型	日本理学公司
场发射扫面电子显微镜（FESEM）	JEOL-6700F 型	日本 JEOL 公司
能量色散 X 射线光谱仪（EDS）	JEOL-6700F 型	日本 JEOL 公司
光致发光（PL）	Renishaw inVia	U. K.
紫外分光光度计（UV-可见光）	Shimadzu UV-3150 型	日本岛津公司
透射电子显微镜（TEM）	JEM-2000EX 型	日本 JEOL 公司
电化学分析仪	CHI601C 型	上海晨华仪器有限公司
氙灯	球形高压氙灯	常州玉宇电器有限公司

4.3 Al 掺杂 ZnO 纳米棒阵列薄膜的制备与表征

4.3.1 实验过程

4.3.1.1 基片的准备和清洗

实验选用 F 掺杂的 SnO_2（FTO）导电玻璃为衬底，切割后的尺寸为 $4cm \times 1.5cm$。在制备 ZnO 纳米管阵列之前，先将 FTO 表面的污垢清洗干净。衬底的清洗分 3 个步骤：首先用去污粉将 FTO 超声清洗 10min，然后依次用丙酮、乙醇、蒸馏水分别超声清洗 30min，最后用蒸馏水冲洗干净，N_2 吹干备用。

4.3.1.2　ZnO 晶种层的制备

首先制备 ZnO 溶胶[9]：以二水合醋酸锌（$Zn(CH_3COO)_2 \cdot 2H_2O$）为前驱体，乙二醇甲醚为溶剂，单乙醇胺（MEA）为稳定剂。将 0.05mol 的 $Zn(CH_3COO)_2 \cdot 2H_2O$ 溶解于 100mL 乙二醇甲醚中，再加入等摩尔的乙醇胺，磁力搅拌 10min 后转移到 60℃ 水浴中搅拌 2h，形成透明的均质溶液。将制得的溶液冷却，静置陈化得到溶胶。

ZnO 晶种层的制备采用浸渍—提拉法。具体步骤是：将清洗干净的 FTO 垂直浸入以上配制所得的溶胶中 1min，然后以约 1cm/min 的速度向上提拉，完全提拉出来后放入 300℃ 马弗炉中热处理 10min，此为一层 ZnO 晶种层。反复 10 次以达到我们所需要的晶种厚度。最后在 500℃ 马弗炉中热处理 2h，冷却至室温备用。实验流程图如图 4-1 所示。

4.3.1.3　Al 掺杂 ZnO 纳米棒阵列薄膜的制备

ZnO（AZO）纳米棒阵列薄膜采用水热合成法制备。

ZnO 纳米棒阵列薄膜水热合成方法：首先将 0.5mol $Zn(NO_3)_2 \cdot 6H_2O$ 加入 100mL 去离子水中，将烧杯置于磁力搅拌器上面进行充分搅拌至完全溶解，再向溶液中加入 0.5mol 六次甲基四胺，继续搅拌形成澄清溶液。将长有 ZnO 晶种的 FTO 放入有聚四氟乙烯内衬的水热釜中，再将上述溶液移入水热釜中，密封放入 95℃ 马弗炉中，保温 10h，然后自然冷却至室温。取出样品后，用蒸馏水冲洗干净，于 80℃ 空气中干燥 4h。最后，所有样品都在空气中 500℃ 退火 2h。

AZO 纳米棒阵列薄膜的制备是在 ZnO 纳米棒阵列薄膜的制备基础上，通过在前驱液中加入 $AlCl_3$ 来实现的。通过调节溶液中 Al^{3+} 离子的含量，最终控制 Al 在 ZnO 中的含量。Al 的名义掺杂浓度用 $x(Al) = \dfrac{n(Al)}{n(Zn)} \times 100\%$ 表示，$AlCl_3$ 的量由 5mmol 逐渐增加至 15mmol，使溶液中 Al 的名义掺杂浓度 x 达到 1%、2% 和 3%，所得样品分别记为 AZO（0.1%）、AZO（1%）、AZO（2%）、AZO（3%）。

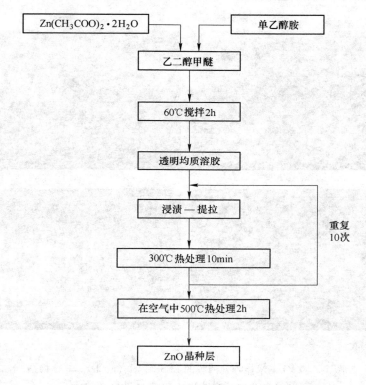

图 4-1 溶胶－凝胶法制备 ZnO 晶种层的实验流程图

4.3.2 Al 掺杂 ZnO 纳米棒阵列薄膜的表征

4.3.2.1 FESEM 分析

图 4-2 为 ZnO 和 AZO 纳米棒阵列薄膜的 FESEM 正面图和侧面图。图 4-2a、b 显示 FTO 基底的整个表面都被 ZnO 纳米棒紧密覆盖，且纳米棒垂直于 FTO 基底生长。棒的表面光滑，呈六棱柱状，尺寸不均匀，棒的直径在 130～200nm 之间，长度为 1.8～2.0μm。图 4-2c、d 显示 AZO 纳米棒阵列薄膜同样覆盖整个 FTO 基底的表面，纳米棒垂直于 FTO 基底生长。棒的表面光滑，呈六棱柱状，直径间于 90～200nm 之间，长度为 2.3～2.5μm。实验数据显示，Al 掺杂之后对 ZnO 纳米棒的形貌没有明显影响。

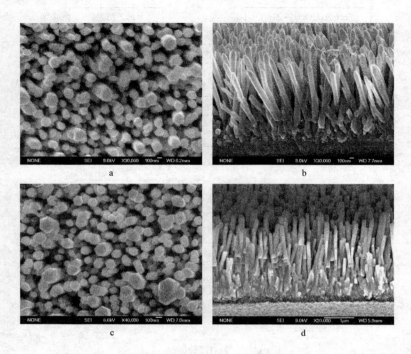

图 4-2   ZnO 纳米棒阵列薄膜的 FESEM 图 （a，b）与 Al 掺杂
ZnO 纳米棒阵列薄膜的 FESEM 图 （c，d）

4.3.2.2   XRD 分析

图 4-3 是未掺杂的 ZnO 纳米棒阵列薄膜与 Al 的名义掺杂浓度为 3% 的 AZO 纳米棒阵列薄膜的 XRD 对比图谱。从图中可以看出，单纯的 ZnO 薄膜与掺杂所得 AZO 薄膜都为六方纤锌矿结构。所有这些衍射峰的位置与 JCPDS 36-1451 标准卡符合得很好。尖锐的 （002） 晶面衍射峰说明 ZnO 是沿着 [001] 方向择优生长的，即沿着 c 轴方向垂直于 FTO 衬底生长，具有良好的结晶性。AZO 薄膜的 XRD 图谱显示掺杂后的 ZnO 薄膜依然为纯相，没有发现 Al 元素相关的杂相，比如说单质 Al 和 Al_2O_3。与 ZnO 相比，AZO 薄膜中除 （002） 和 （004） 晶面衍射峰以外其他的 ZnO 特征峰都明显减弱，说明 Al 掺杂有利于 ZnO 薄膜 （002） 晶面的择优取向性，这与文献报道相一

致[10]。通过对比两者的（002）峰位我们发现，掺杂引起了一定的峰位移动，由 ZnO 的 34.4° 向大角度移动到 34.7°。通过布拉格方程（$n\lambda = 2d\sin\theta$）计算可知，Al 元素掺杂后 ZnO 的 c 轴晶格常数减小了 0.76%。这是因为 Al^{3+} 离子的半径（0.054nm）小于 Zn^{2+} 离子半径（0.074nm）[10]，Al^{3+} 替代 Zn^{2+} 后 ZnO 晶体中 Al^{3+} 离子周围的晶格结构发生了收缩变形。

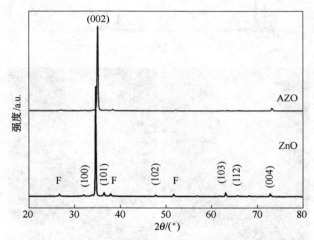

图 4-3　ZnO 与 AZO（3%）纳米棒阵列薄膜的 XRD 图谱对比

4.3.2.3　能谱分析

为了进一步确认 ZnO 晶格结构中 Al 元素的存在以及准确描述 Al 元素在 ZnO 纳米棒内的分布，我们进行了 EDS 能谱分析和相应的 EDS-mapping 分析。图 4-4 是 AZO 纳米棒阵列薄膜的 EDS 谱图以及相应的 EDS-mapping 元素分布图谱。从图中可以看出，AZO 纳米棒阵列薄膜中含有 Zn、O、C、Cu、Al 等元素。其中的 Cu 和 C 来源于铜网和碳支持膜。Al 与 Zn 的原子百分比分别为 0.42% 和 50.65%，两者的比值为 0.8%，小于前驱液中两者的浓度比 3%，说明溶液中的 Al 元素未实现完全掺杂。从 EDS-mapping 元素分布图谱中可以看出 Al 元素在 ZnO 纳米棒上均匀分布。这些结果表明 Al 元素已经成功替代 ZnO 晶格中的 Zn，且均匀分布。

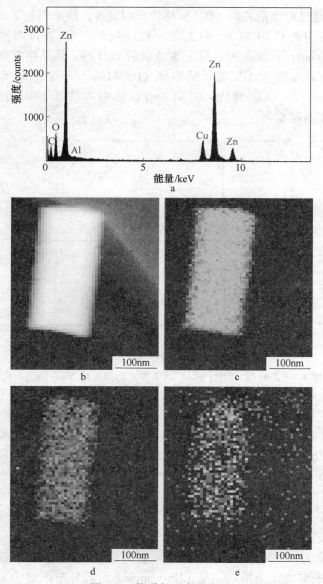

图 4-4   能谱与元素分布图

a—AZO 纳米棒阵列薄膜的能谱；b—Al 掺杂 ZnO 纳米棒的高分辨率 STEM 图；

c ~ e—分别为 Zn、O、Al 元素的元素分布图

4.3.2.4 PL 分析

图 4-5 为 ZnO 纳米棒阵列薄膜和不同掺杂浓度的 AZO 纳米棒阵列薄膜的室温 PL 光谱，插图为可见光发射峰与紫外发射峰强度比值（I_{vis}/I_{UV}）随 Al 的名义掺杂浓度增加的变化规律。从图中可以看出，每条谱线都由两部分构成，分别为 379nm 左右处弱而窄的紫外区光致发光谱带和强而宽的可见区光致发光谱带（600~700nm）。且随着溶液中 Al 的名义掺杂浓度的增加，紫外区谱带强度减弱，可见区谱带强度反而随之增强。我们知道，紫外发光主要来源于对应带边发射的激子复合[11]，可见光发光即深能级发光则被归因于各种缺陷之间的辐射跃迁[12,13]，比如间隙氧（O_i）、氧缺位（V_o）以及反位置缺陷（O_{Zn}）等。所以紫外发光谱带强度随溶液中 Al 浓度增加而减弱的现象可以归因于 Al 元素掺杂后增加了非辐射复合的概率[14]。同时，可见区谱带强度以及 I_{vis}/I_{UV} 随溶液中 Al 元素浓度的增加而增强的现象可以归因于 Al 元素掺杂增加了 ZnO 纳米棒中的缺陷浓度。Al^{3+} 替代 Zn^{2+} 后，ZnO 晶体中出现了电荷不平衡的现象，因此会产生氧缺位来维持电荷中性[15]。

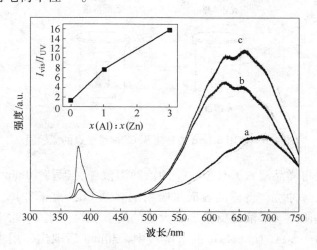

图 4-5　不同掺杂浓度的 AZO 的 PL 光谱

a—0；b—1%；c—3%

4.4 CdSe 敏化 Al 掺杂 ZnO 纳米棒阵列薄膜的制备及其光电化学性能研究

4.4.1 CdSe 敏化 Al 掺杂 ZnO 纳米棒阵列薄膜的制备

本实验中，CdSe 的敏化是通过连续离子层吸附反应（SILAR）的方法实现的，具体操作如图 4-6 所示。实验所采用的硒源和镉源的配制方法、具体操作步骤如下：

镉源：0.5mol/L 的 $Cd(NO_3)_2 \cdot 4H_2O$ 乙醇溶液。

硒源：首先配制 100mL 0.3mol/L 的 Na_2SO_3 水溶液，再加入 0.3mol/L 的 Se 粉，搅拌均匀后放入 95℃水浴锅中，电动搅拌至 Se 粉完全溶解，即得到 Na_2SeSO_3 溶液。将配制好的 Na_2SeSO_3 溶液置于 50℃水浴锅中备用。

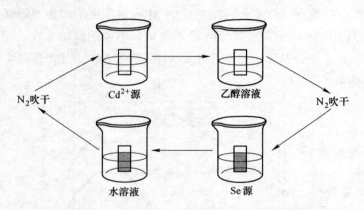

图 4-6   使用 SILAR 方法沉积 CdSe 量子点的流程图

首先将样品浸入 $Cd(NO_3)_2$ 的乙醇溶液中，保持 10min 后取出，用无水乙醇冲洗，将样品表面未吸附的多余 Cd^{2+} 离子冲掉，以避免其在浸入阴离子溶液时反应形成大量的附着颗粒。用 N_2 吹干之后将样品浸泡于 50℃ Na_2SeSO_3 的水溶液中，30min 后取出，用去离子水全面冲洗，以洗掉多余的离子，用 N_2 吹干。这称为 CdSe 的一次沉积，也称为一个循环。可以通过多次沉积来改变纳米棒上 CdSe 量子点的量。最后，将样品于 300℃ 空气中退火 1h，自然冷却至室温。

ZnO 表面的活性中心局部带负电，有利于使用 SILAR 方法在 ZnO 表面的离子吸附和 CdSe 生长。当将 ZnO 纳米棒阵列薄膜浸泡到 Cd^{2+} 离子的乙醇溶液中时，Cd^{2+} 离子会通过静电吸附在活性中心上。当吹干后的样品紧接着放入 Na_2SeSO_3 水溶液时，Se^{2-} 离子与 Cd^{2+} 离子发生反应，就会在 ZnO 纳米棒表面生成 CdSe 量子点。Al 元素掺杂会增加 ZnO 纳米棒表面的活性中心，所以通过 SILAR 办法沉积 CdSe 之后，会增加 AZO 纳米棒阵列表面 CdSe 的沉积量。

为了便于标记，我们将 ZnO 纳米棒阵列薄膜、CdSe 敏化 ZnO 纳米棒阵列薄膜、Al 掺杂 ZnO 纳米棒阵列薄膜和 CdSe 敏化 Al 掺杂 ZnO 纳米棒阵列薄膜分别标记为 ZnO、ZnO/CdSe、AZO 和 AZO/CdSe。

4.4.2 CdSe 敏化 Al 掺杂 ZnO 纳米棒阵列薄膜的表征

4.4.2.1 FESEM 表征

图 4-7 为 CdSe 敏化的 AZO 纳米棒阵列薄膜的 FESEM 正面图和侧面图。与未敏化之前的图 4-2 进行比较，可以看出 AZO 纳米棒表面变得粗糙，从图 4-7a 已经看不到明显的六边形截面，从图 4-7b 看到棒的表面有许多小晶粒，说明 CdSe 纳米颗粒已经沉积生长在 AZO 纳米棒表面。

a   b

图 4-7　CdSe 敏化的 Al 掺杂 ZnO 纳米棒阵列薄膜 FESEM 图

4.4.2.2 TEM 和 HRTEM

图 4-8 为 CdSe 敏化的 AZO 纳米棒阵列薄膜的 TEM 图和高分辨透射电镜（HRTEM）图。从图 4-8a、b 可以看出，AZO 纳米棒表面已经被 CdSe 纳米颗粒密集地覆盖，颗粒的尺寸为 10 ~ 30nm。为了进一步表征 AZO 纳米棒表面上 CdSe 纳米粒子的分布，我们对样品 AZO/CdSe 进行了 HRTEM 分析，如图 4-8c 所示。图中左边区域中较大的晶粒可以指认为 ZnO，测量的晶格间距为 0.26nm 左右，对应于纤锌矿结构 ZnO 的（002）晶面，且可以看出纳米棒主要沿着 [001] 晶向生长，与 XRD 数据相一致。虽然 PL 数据证明 Al 掺杂之后在 ZnO

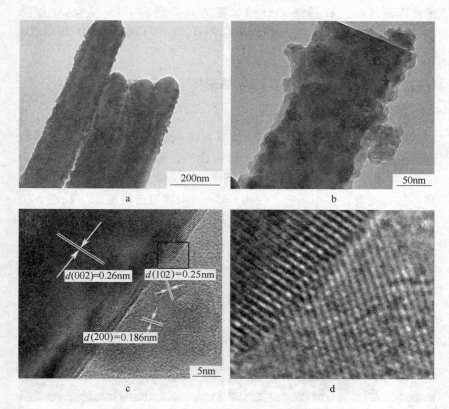

图 4-8 CdSe 敏化的 Al 掺杂 ZnO 纳米棒阵列薄膜

a，b—TEM 图；c—HRTEM 图；d—c 图中的选区放大图

晶体中引起了缺陷的产生，但在 HRTEM 图中并无特征变化。图 4-8c 中 ZnO 周围有沿着不同方向生长的微晶，测得晶面间距约为 0.25nm 和 0.186nm，分别对应六方相 CdSe（JCPDs 77-2307）的（102）晶面和（200）晶面。图 4-8d 是图 4-8c 中选区的放大图，清楚显示了 CdSe 纳米晶和 AZO 纳米棒之间的界面 CdSe(102)/ZnO(002)。可以看出，CdSe 纳米晶的（102）晶面以一定角度堆垛在 ZnO 的（002）晶面上，说明 CdSe 纳米颗粒是取向生长在 ZnO 纳米棒上。换句话说，就是 CdSe 与 ZnO 之间形成了异质生长，构成异质结。异质结的存在可以显著减轻空穴电子的复合概率，有利于界面空穴电子对的分离，从而对提高光阳极的光电化学性能有利[16]。

4.4.3 CdSe 敏化 Al 掺杂 ZnO 纳米棒阵列薄膜性质研究

4.4.3.1 紫外 - 可见光吸收特性分析

图 4-9 为 ZnO 纳米棒阵列薄膜和不同掺 Al 浓度的 AZO 纳米棒阵列薄膜的紫外可见光吸收图谱。从图中可以看出单纯 ZnO 薄膜的吸收局限在紫外区域，吸收边约为 380nm。掺 Al 之后的 AZO 纳米棒阵列薄膜的吸收边发生一定的蓝移，且随着名义掺杂浓度的增加而逐渐

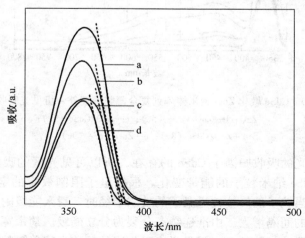

图 4-9 ZnO 薄膜和不同掺杂浓度的 AZO 薄膜的紫外 - 可见光吸收图谱
a—ZnO；b—AZO 0.1%；c—AZO 1.0%；d—AZO 3.0%

向短波移动。根据 Burstein-Moss 效应[17]，掺 Al 之后的蓝移现象可以归因于掺杂后费米能级向导带移动。之前的研究报道显示，Mn 元素掺杂 ZnO 会导致吸收边红移[5]，而我们的工作中 Al 元素掺入 ZnO 晶格中是以浅施主的形式存在，从而导致了禁带宽度增大。

图 4-10 为单纯的 ZnO 电极和沉积不同次数 CdSe 的 ZnO/CdSe 电极的紫外-可见光吸收图谱。从图中可以发现，与单纯 ZnO 相比，所有 ZnO/CdSe 电极的吸收范围都得到了明显的拓展，由紫外光区（320~380nm）拓展到了可见光区（320~750nm）。随着 CdSe 沉积次数的增加，ZnO/CdSe(n) 电极的光吸收边发生了红移，而且光吸收强度在逐渐增强。

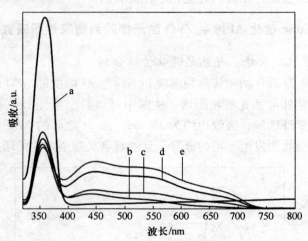

图 4-10 CdSe 敏化 ZnO 纳米棒阵列复合薄膜的紫外-可见光吸收图谱
a—ZnO；b—ZnO/CdSe（5c）；c—ZnO/CdSe（7c）；
d—ZnO/CdSe（8c）；e—ZnO/CdSe（9c）

可见光的吸收归因于 CdSe 的存在，所以可见光区的吸收边变化对应着 CdSe 纳米粒子的能带变化。根据量子限制效应的定义[18,19]，我们知道当粒子的尺寸接近激子的玻尔半径时，费米能级附近的电子能级之间的间隔增大，由准连续态分裂为分立能级。禁带宽度的变化是与粒子尺寸相关的，也就是说光吸收边的蓝移意味着颗粒尺寸的减小。因此，在本工作中随着 CdSe 复合次数的增加，可见光区吸收边的红移可以归因于 CdSe 粒子的长大。

另外，随着沉积次数的增加，样品在可见光区的吸收强度也随之增强，这说明 ZnO 纳米棒上沉积 CdSe 的量也随着沉积次数的增加而增加。

图 4-11 为 ZnO/CdSe 电极和不同掺 Al 浓度的 AZO/CdSe 电极的紫外－可见光吸收图谱，CdSe 的沉积次数保持不变，为 7 层。从图中可以发现，与 ZnO/CdSe 电极的光吸收谱相比，掺杂之后的 AZO/CdSe 电极在可见光区的吸收强度明显增强，且随着掺杂浓度的增加，光吸收强度也随之增强。根据之前对掺杂样品的 PL 分析我们知道，Al 元素掺杂会增加 ZnO 纳米棒表面活性中心的浓度。本工作中沉积 CdSe 所采用的连续离子层吸附法易于在活性中心发生沉积生长，生成量子点，所以 Al 元素掺杂会导致在 ZnO 纳米棒表面生成更多的 CdSe 量子点，即在保持 CdSe 沉积次数不变的情况下，AZO/CdSe 复合薄膜上 CdSe 量子点的量要多于 ZnO/CdSe。

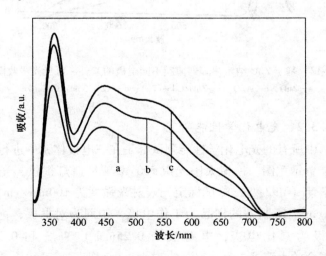

图 4-11 CdSe 敏化 AZO 纳米棒阵列复合薄膜的紫外－可见光吸收图谱
a—ZnO/CdSe(7c)；b—AZO(1%)/CdSe(7c)；c—AZO(3%)/CdSe(7c)

为了便于比较，我们将 ZnO、AZO、ZnO/CdSe 和 AZO/CdSe 4 种

电极的光吸收图谱进行总结，如图 4-12 所示。由图可知，未复合 CdSe 量子点时，Al 元素掺杂导致 ZnO 纳米棒阵列薄膜的光吸收蓝移。但复合 CdSe 之后，Al 元素掺杂在 ZnO 纳米棒上产生的缺陷起到了积极的作用，有利于量子点的生成，从而提高了电极在可见光区的光吸收。

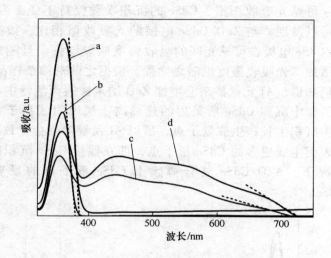

图 4-12　基于 ZnO 纳米棒阵列薄膜不同电极的紫外-可见光吸收图谱
a—ZnO；b—AZO；c—ZnO/CdSe(7c)；d—AZO(3%)/CdSe(7c)

4.4.3.2　光电化学性能研究

本章中所有的光电化学性能测试都是在三电极体系中进行的，图 4-13 为装置示意图。模拟太阳光由 500 W 球型氙灯提供，光照强度由光功率计（M92 型）测试标定，入射光强度为 $100 mW/cm^2$，光照面积为 $1 cm^2$。所制备的样品为工作电极，铂网为对电极，饱和 Ag/AgCl 电极为参比电极，电解液为 $0.25 mol/L$ Na_2S 和 $0.35 mol/L$ Na_2SO_3 混合的水溶液。

图 4-14 为 ZnO 电极和不同掺 Al 浓度的 AZO 电极在光照条件下的 J-V 曲线。单纯 ZnO 电极在外加电压相对于饱和 Ag/AgCl 参比电极为 0V 时的光电流密度为 $0.34 mA/cm^2$。与 ZnO 电极相比，掺 Al 所得

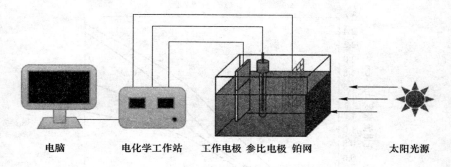

图 4-13　光电化学测试系统示意图

电脑　　　电化学工作站　　工作电极 参比电极 铂网　　　太阳光源

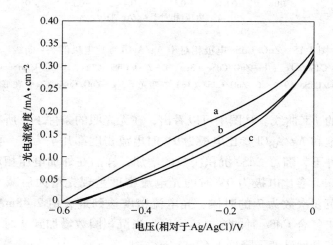

图 4-14　ZnO 电极与 AZO 电极相对于 Ag/AgCl 参比电极的 J-V 曲线

a—ZnO；b—AZO 1%；c—AZO 3%

的 AZO 电极在光照下的光电流密度整体降低，且随着掺杂浓度的增加而光电特性逐渐降低。在掺杂浓度为 3% 时，AZO 电极在电压相对于饱和 Ag/AgCl 参比电极为 0V 时的光电流密度为 0.33mA/cm²。我们将此现象归结于 Al 掺杂导致的晶格缺陷会变为光生载流子的复合中心，降低了空穴电子的分离和传输效率。

图 4-15 为不同 CdSe 沉积次数的 ZnO/CdSe 电极在三电极体系下

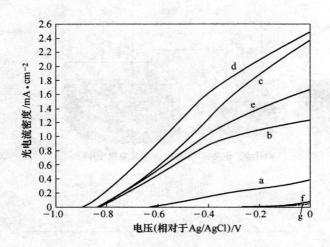

图 4-15　ZnO/CdSe 电极相对于 Ag/AgCl 参比电极的 *J-V* 曲线

a—ZnO/CdSe（1c）；b—ZnO/CdSe（3c）；c—ZnO/CdSe（5c）；d—ZnO/CdSe（7c）；

e—ZnO/CdSe（9c）；f—ZnO/CdSe（1c）在暗光下；g—ZnO/CdSe（7c）在暗光下

所测得的 *J-V* 曲线。从图中可以看出，在无光照的条件下，所有样品相对于饱和 Ag/AgCl 参比电极为 0V 时电流密度都几乎为零。而在光照的条件下，随着 CdSe 沉积次数的增加，样品在外加电压相对于饱和 Ag/AgCl 参比电极为 0V 时的光电流密度呈现先增大后减小的规律。在沉积次数为 7 的时候，光电流密度达到最大值 2.48mA/cm²，远大于未复合 CdSe 时的光电流密度。当沉积圈数增加到 9 时，光电流密度却开始迅速下降到 1.67mA/cm²。

我们知道影响电池效率的因素主要有 3 个[20]，一是可以在光照下产生空穴电子对，二是电子和空穴的分离，三是载流子的传输，而要实现以上 3 点需要满足的条件就是：（1）有广泛光吸收的材料；（2）合适的能带结构；（3）迁移率高的光阳极材料。在我们所制备的 ZnO/CdSe 光阳极中，CdSe 即是有着较宽光吸收范围（400 ~ 700nm）的光吸收材料，CdSe 的敏化扩展了工作电极在太阳光可见光区的吸收，所以在光照下可以产生大量的空穴电子对。而 ZnO 与 CdSe 之间所形成的异质结使光生空穴电子对分离，产生更多的分离载流子。为了更好地理解这个机制，我们制作了一个基于 ZnO 和 CdSe 电子能带结构的示意图，来说明 CdSe 敏化 ZnO 复合薄膜光阳极在光照下的电荷分离传输情况，如图 4-16 所示。

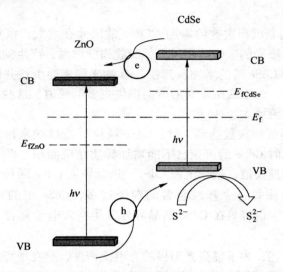

图 4-16　ZnO/CdSe 的电荷分离与传输原理图

据文献报道，当两种半导体相接触以及将半导体放入电解液中时，两半导体之间以及半导体与溶液会发生费米能级的重新排列[21]。对于我们的光阳极 ZnO/CdSe，费米能级重新排列后会在 ZnO 与 CdSe 之间形成一个异质结，界面处的能带会发生弯曲，并产生空间电荷区，CdSe 的导带位置高于 ZnO 的导带位置，价带位置低于 ZnO 的价带位置，如图 4-16 所示，形成一个典型的 type-II 阶梯式能带结构，还会在半导体和溶液的界面处形成固液结。光照情况下，电子由 CdSe 和 ZnO 的价带跃迁到导带上，形成空穴电子对。在空间电荷区的作用下，电子由 CdSe 的导带传输到 ZnO 的导带，同时空穴由 ZnO 的价带传输到 CdSe 的价带。接着，传输到 CdSe 的空穴在 CdSe 与溶液的固液结处被溶液中的还原离子（S^{2-}）所消耗[22]。同时，电子通过一维 ZnO 纳米棒传输到电子收集层。这样，就实现了空穴电子对的有效分离和传输。从而，提高了光阳极的光电化学性能。

在以上关于 CdSe 敏化 ZnO 复合薄膜光阳极的原理基础上，我们分析 ZnO/CdSe 电极的光电流密度先增大后减小的原因可以归结如下：

（1）随着沉积次数的增加，CdSe 的尺寸在增大，沉积量也在增加，其对太阳光的吸收范围增大，吸收强度增强，产生的光生载流子增多；随着 CdSe 量的增加，其在 ZnO 纳米棒表面生长并形成的异质结面积增大，为空穴电子对的分离提供更多的通道，这些因素共同作用导致光电流增大。

（2）当沉积次数达到 7 时，CdSe 颗粒对 ZnO 纳米棒的包覆达到了最大，此时 CdSe 的沉积已不能增加异质结区面积，即异质结区面积此时达到最大值，继续沉积 CdSe，只会导致 CdSe 颗粒的团聚；颗粒的团聚会使每一个颗粒包含的粒子过多，CdSe 中的光生电子向 ZnO 转移时，很容易在 CdSe 的晶界处发生空穴电子复合，导致光电流密度下降。

综上所述，为了提高光阳极的光电流密度，要在尽可能增大异质结区面积的前提下，将 CdSe 颗粒尽量控制在量子点范围内，或使 CdSe 颗粒尺寸等于光生载流子的平均自由程，以此保证量子点敏化提高性能的三要素。

上面我们已经分别探讨了 Al 元素掺杂和 CdSe 敏化对 ZnO 纳米棒阵列薄膜光电性能的影响，这里我们还将两者结合，探讨掺杂和敏化协同作用时对 ZnO 薄膜的光电性能的影响。根据 ZnO/CdSe 光阳极的光电性能规律，我们将 CdSe 敏化的次数固定为 7，探讨 Al 元素掺杂浓度变化时光阳极的 $J\text{-}V$ 曲线规律，实验结果如图 4-17 所示。

从图 4-17 中可以看出，掺杂所得的 AZO/CdSe 光阳极的光电化学性能优于 ZnO/CdSe 光阳极，且随着名义掺杂浓度的增加，性能在逐渐提高。ZnO/CdSe（7c）光阳极在外加电压相对于饱和 Ag/AgCl 参比电极为 0V 时的光电流密度为 2.48mA/cm^2，而掺杂后所得 AZO（1%）/CdSe（7c）光阳极相应的光电流密度为 2.90mA/cm^2，AZO（3%）/CdSe（7c）光阳极相应的光电流密度为 4.28mA/cm^2。很明

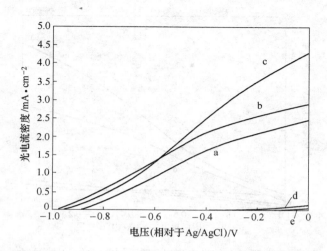

图 4-17 AZO/CdSe 电极相对于 Ag/AgCl 参比电极的 *J-V* 曲线

a—ZnO/CdSe(7c)；b—AZO(1%)/CdSe(7c)；c—AZO(3%)/CdSe(7c)；

d—ZnO/CdSe(7c)在暗光下；e—AZO(3%)/CdSe(7c)在暗光下

显，掺杂和敏化共同作用所得的光阳极性能更优，我们将此光电性能的提高归因于：

（1）Al 元素掺杂增加了 ZnO 纳米棒表面的活性中心，有利于 CdSe 的生长成核，使得掺杂后的纳米棒上 CdSe 的量多于单纯 ZnO 纳米棒，在同样光照下增加了光生空穴电子对的产生。

（2）大量的 CdSe 意味着可形成更大的 CdSe/ZnO 异质结面积，而异质结的存在可以有效提高空穴电子的分离效率。

为了便于比较，我们将 ZnO、AZO、ZnO/CdSe 和 AZO/CdSe 四种光阳极的 *J-V* 曲线对比总结，如图 4-18 所示。由图可知，单纯 Al 元素掺杂会导致 ZnO 纳米棒阵列薄膜的光电流减小。而 CdSe 的敏化则会明显增大 ZnO 纳米棒阵列薄膜的光电流。当 CdSe 敏化与 Al 元素掺杂共同作用在 ZnO 纳米棒上时，Al 元素掺杂能在 ZnO 纳米棒表面产生更多的活性中心，有利于更多量子点的生成，因此其光电化学性能为四个电极样品中最佳。这为量子点敏化太阳能电池效率的提高提供了新的思路。

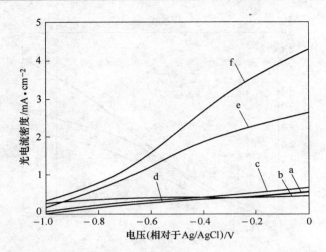

图 4-18　基于 ZnO 纳米棒阵列薄膜不同电极的 *J-V* 曲线对比

a—ZnO 在暗光下；b—AZO/CdSe 在暗光下；c—ZnO；d—AZO(3%)；
e—ZnO/CdSe(7c)；f—AZO(3%)/CdSe(7c)

4.5　本章小结

　　本章采用水热合成方法制备了 ZnO 和 AZO 纳米棒阵列薄膜，然后采用 SILAR 方法在 ZnO 和 AZO 纳米棒上沉积 CdSe 纳米颗粒，获得了 ZnO/CdSe、AZO/CdSe 纳米棒阵列复合薄膜。对样品的形貌、晶体结构、光吸收性能和光电化学性质进行了研究。主要结论如下：

　　(1) 在前驱物中加入 AlCl$_3$，95℃ 水热反应 10h 得到 AZO 纳米棒阵列薄膜，薄膜厚度为 2.5μm，棒的平均直径为 140nm。AZO 纳米薄膜沿着 [001] 方向择优生长，其晶格常数 *c* 相比纯 ZnO 减小了 0.76%。

　　(2) 与 ZnO 纳米棒阵列薄膜相比，掺杂后 AZO 纳米棒阵列薄膜的光吸收出现蓝移现象，归因于 Al 元素掺杂起到了浅施主作用，使得费米能级向导带方向移动，导致禁带宽度增大。在 ZnO 上沉积 CdSe 后，ZnO/CdSe 复合薄膜的光响应拓展到了可见光区，吸收范围为 320~750nm。当掺杂与敏化共同作用时，所得样品 AZO/CdSe 不仅光吸收范围增大，吸收强度也增强，归因于 Al 掺杂增加了 ZnO 纳米棒表面上的活性中心，有利于 CdSe 的生长，增加了 AZO 纳米棒上

CdSe 的沉积量。

（3）在三电极体系下所测得的 ZnO 光阳极在外加电压相对于饱和 Ag/AgCl 参比电极为 0V 时的光电流密度为 0.34mA/cm²；AZO 光阳极的光电流密度为 0.33mA/cm²，较单纯 ZnO 有所下降，归因于 Al 掺杂导致纳米棒内部缺陷密度增大而使空穴电子的复合概率提高。光阳极 ZnO/CdSe 和 AZO/CdSe 的光电流密度随着 CdSe 沉积次数的增加呈现先增大后减小的规律，在沉积次数为 7 时得到最佳值，分别为 2.48mA/cm² 和 4.28mA/cm²。敏化后所得复合薄膜的光电化学特性的提高，归因于 CdSe 拓展了薄膜对可见光的吸收，且 CdSe 与 ZnO（AZO）之间的异质结有利于光生空穴电子对的分离；AZO/CdSe 的光电化学特性优于 ZnO/CdSe，归因于 Al 掺杂增加了 AZO 纳米棒上 CdSe 的沉积量，进而增大了 CdSe/ZnO 异质结面积，在同样光照下不仅增加了光生空穴电子对的产生，而且有效提高了空穴电子的分离效率。

参 考 文 献

[1] Kar S, Pal B N, Chaudhuri S, et al. One-dimensional ZnO nanostructure arrays: Synthesis and characterization [J]. The Journal of Physical Chemistry B, 2006, 110: 4605 ~ 4611.

[2] Yu H, Zhang Z, Han M, et al. A general low-temperature route for large-scale fabrication of highly oriented ZnO nanorod/nanotube arrays [J]. Journal of the American Chemical Society, 2005, 127: 2378 ~ 2379.

[3] Yang X, Wolcott A, Wang G, et al. Nitrogen-doped ZnO nanowire arrays for photoelectrochemical water splitting [J]. Nano Letter, 2009, 9: 2331 ~ 2336.

[4] Chen L C, Tu Y J, Wang Y S, et al. Characterization and photoreactivity of N-, S-, and C-doped ZnO under UV and visible light illumination [J]. Journal of Photochemistry and Photobiology A: Chemistry, 2008, 199: 170 ~ 178.

[5] Li W W, Yu W L, Jiang Y J, et al. Structure, optical, and room-temperature ferromagnetic properties of pure and transition-metal-(Cr, Mn, and Ni)-doped ZnO nanocrystalline films grown by the Sol-Gel method [J]. The Journal of Physical Chemistry C, 2010, 114: 11951 ~ 11957.

[6] Chen L Y, Yin Y T. Efficient electron transport in ZnO nanowire/nanoparticle dye-

sensitized solar cells via continuous flow injection process [J]. RSC Advances, 2013, 3: 8480.

[7] Burschka J, Pellet N, Moon S J, et al. Sequential deposition as a route to high-performance perovskite-sensitized solar cells [J]. Nature, 2013, 499: 316 ~319.

[8] Raffaelle R P, Castro S L, Hepp A F, et al. Quantum dot solar cells [J]. Progress in Photovoltaics: Research and Applications, 2002, 10: 433 ~439.

[9] 于清江. 低维 ZnO 纳米结构的制备及其性能研究 [D]. 长春: 吉林大学, 2008.

[10] 陈建林, 陈荐, 贺建军, 等. 氧化锌透明导电薄膜及其应用 [M]. 北京: 化学工业出版社, 2011.

[11] Yun S, Lee J, Yang J, et al. Hydrothermal synthesis of Al-doped ZnO nanorod arrays on Si substrate [J]. Physica B: Condensed Matter, 2010, 405: 413 ~ 419.

[12] Wu X L, Siu G G, Fu C L, et al. Photoluminescence and cathodoluminescence studies of stoichiometric and oxygen-deficient ZnO films [J]. Applied Physics Letters, 2001, 78: 2285.

[13] Lin B, Fu Z, Jia Y. Green luminescent center in undoped zinc oxide films deposited on silicon substrates [J]. Applied Physics Letters, 2001, 79: 943.

[14] Chen K J, Fang T H, Hung F Y, et al. The crystallization and physical properties of Al-doped ZnO nanoparticles [J]. Applied Surface Science, 2008, 254: 5791 ~5795.

[15] Zhan Z, Zhang J, Zheng Q, et al. Strategy for preparing Al-doped ZnO thin film with high mobility and high stability [J]. Crystal Growth & Design, 2011, 11: 21 ~25.

[16] Cheng S, Fu W, Yang H, et al. Photoelectrochemical performance of multiple semiconductors (CdS/CdSe/ZnS) cosensitized TiO_2 photoelectrodes [J]. The Journal of Physical Chemistry C, 2012, 116: 2615 ~2621.

[17] Hwang S H, Park C B. The electrical and optical properties of Al-doped ZnO films sputtered in an Ar:H_2 gas radio frequency magnetron sputtering system [J]. Transactions on Electrical and Electronic Materials, 2001, 11: 81 ~84.

[18] 张立德, 牟季美. 纳米材料和纳米机构 [M]. 北京: 科学出版社, 2001.

[19] Takagahara T, Takeda K. Theory of the quantum confinement effect on excitons in quantum dots of indirect-gap materials [J]. Physical Review B, 1992, 46: 15578.

[20] LeschkiesK S, Divakar R, Basu J, et al. Photosensitization of ZnO nanowires with CdSe quantum dots for photovoltaic devices [J]. Nano Letter, 2007, 7: 1793~1798.

[21] Lee Y L, Chi C F, Liau S Y. CdS/CdSe Co-Sensitized TiO_2 photoelectrode for efficient hydrogen generation in a photoelectrochemical cell [J]. Chemistry of Materials, 2010, 22: 922~927.

[22] Hensel J, Wang G, Li Y, et al. Synergistic effect of CdSe quantum dot sensitization and nitrogen doping of TiO_2 nanostructures for photoelectrochemical solar hydrogen generation [J]. Nano Letter, 2010, 10: 478~483.

5 大面积高能面裸露的 ZnO 纳米片阵列薄膜的制备及其光电化学性能

5.1 引言

一维结构的 ZnO 光阳极，具有独特的光学和电学特性，可以通过提供直接的电子传输通道从而提高电子传输速率，有效地降低光生载流子的复合概率，在太阳电池的应用上展现出很好的前景，吸引了众多科学家的关注。然而，这些一维结构的 ZnO 晶体的表面体积比较小，可供敏化剂着陆的面积有限，从而限制了能量转换效率的提高，因此，寻求具有较大比表面积并且有利于敏化剂生长的 ZnO 纳米结构，对于提高电池效率是非常有意义的[1]。

目前已经有一些制备大比表面积的 ZnO 纳米结构的报道，典型的有分层结构，比如树状结构的多层次 ZnO 纳米线[2]，ZnO 纳米花分层结构[3]等。另外，还有一些研究是制备具有较大表面体积比的二维 ZnO 纳米结构，并将其应用在太阳能电池上。例如，Leung[4] 和他的团队采用电化学沉积的方法在 ITO 基底上成功制备了垂直基底生长的二维 ZnO 纳米结构；Sun[5] 和他的团队采用有晶种辅助的溶液法，在 Si 基底上制备了 ZnO 纳米片。

纳米材料的性质是和它的形状、尺寸、纵横比、晶体生长取向和结晶性等密切相关的[6]，所以，如果可以制备出晶体取向可控的 ZnO 纳米结构，对我们所研究的问题是非常有意义的。据报道，近年来已经有大量的工作是研究大面积高能面裸露的纳米晶的。具有代表性的有，Lu[7] 和他的团队利用氟离子选择性吸附的办法，成功制备出了具有大比例高能面 (001) 面的 TiO_2 纳米结构。Xie[8] 和他的团队制备出了大比例 {221} 晶面裸露的 SnO_2 颗粒，并表现了优异的气敏性质。Choy[9] 和他的合作者也宣称成功制备出了大比例 (0001) 面的 ZnO 纳米片，并且证明此种结构的 ZnO 对 H_2O_2 有很强的光催化活性。这些报道证明，高能面具有特殊的表面原子配置，因此有利于光生空穴电子对的分离和传输。到目前为止，还未有关于制备晶向可控的 ZnO 纳米片阵列薄膜的报道。

本章我们采用水热合成方法首次在 FTO 基底上制备出大面积高能面裸露的 ZnO 纳米片（ZnONS）阵列薄膜。考察了反应时间和柠檬酸钠的用量对 ZnO 纳米片阵列薄膜形貌的影响。对电极的光吸收特性和光电化学性能进行了分析研究。

5.2 ZnO 纳米片阵列薄膜的制备

ZnONS 阵列薄膜的制备包括两个步骤。第一步是在 FTO 基底上用 Sol-gel 方法制备 ZnO 晶种层，具体方法同第 4.3.1.2 节。将清洗干净的 FTO 垂直浸入 ZnO 溶胶中保持 1min，然后以约 1cm/min 的速度向上提拉，完全提拉出来后放入 300℃ 马弗炉中热处理 10min，此为一层 ZnO 晶种层。反复 2 次，最后在 500℃ 马弗炉中热处理 2h，冷却至室温备用。第二步即水热过程，具体操作如下：

首先配制 0.5mol/L 的 $Zn(CH_3COO)_2 \cdot 2H_2O$ 水溶液 100mL，再加入一定量（0~0.07g）的柠檬酸钠，磁力搅拌，待溶液达到均匀时再加入 0.01mol NaOH，继续搅拌 30min。将以上溶液转移到有聚四氟乙烯内衬的水热釜中，再将长有 ZnO 晶种的 FTO 放入，密封拧紧。将密封好的水热釜放入 95℃ 马弗炉中，保持若干小时（4~24h），自然冷却至室温。取出样品后，用蒸馏水冲洗干净，80℃ 空气中干燥 4h。

5.3 ZnO 纳米片阵列薄膜的表征

5.3.1 ZnO 纳米片阵列薄膜的结构分析

图 5-1 为所制备 ZnONS 阵列薄膜的 XRD 图谱。从图中可以看出，所有衍射峰都与标准 JCPDS 卡片 36-1451 很好地符合，表明所制备的薄膜为六方纤锌矿结构的 ZnO。图谱中位于 2θ 为 31.70°，36.26° 和 56.59° 位置处的衍射峰，分别对应 ZnO 的（100），（101）和（110）晶面。与标准 JCPDS 卡片 36-1451 比较，我们所制备的 ZnONS 阵列

薄膜的（110）晶面衍射峰明显增强，同时（002）晶面衍射峰却几乎消失。（110）晶面的相对衍射强度相比明显高于标准卡片里的值，其中（110）晶面与（100）晶面的衍射峰强度比由 0.56 增加到了 7.01。较强的（110）晶面衍射峰说明 ZnONS 的结晶性很好，并且是沿着 [110] 方向择优生长的。根据纤锌矿结构 ZnO 的基本结构分析，可知沿着 [110] 方向择优生长时，ZnO 的主要裸露面为高能面 {0001} 面。

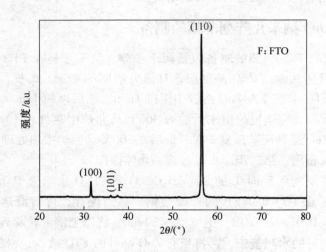

图 5-1　ZnO 纳米片阵列薄膜的 XRD 图谱

5.3.2　ZnO 纳米片阵列薄膜的形貌特征

图 5-2a 和 b 为 ZnONS 阵列薄膜的 FESEM 正面图和侧面图。从图中可以看出 FTO 基底上均匀而密实地分布着 ZnONS，纳米片垂直于基底生长，薄膜的厚度约为 4.7μm，而 ZnONS 的厚度约为 50nm。图 5-2c 是 ZnONS 侧面的放大图，可以看出 ZnONS 的表面很光滑，纳米片的形状不太规则。图 5-2d 是一个单层 ZnONS 的 TEM 图，纳米片几乎是透明的。图 5-2e 是纳米片的 HRTEM 图，图中清晰的晶面间距测量约为 0.281nm，对应于纤锌矿结构 ZnO 的（100）晶面间距。图 5-2f 是 ZnONS 的选区电子衍射（SAED）图谱，图中的衍射斑点充分说

明所制备的 ZnONS 为单晶。综合以上数据，可知所得纳米片为纤锌矿结构的单晶 ZnO，片的暴露面为高能面 {0001} 晶面，与 XRD 的分析结果相一致。

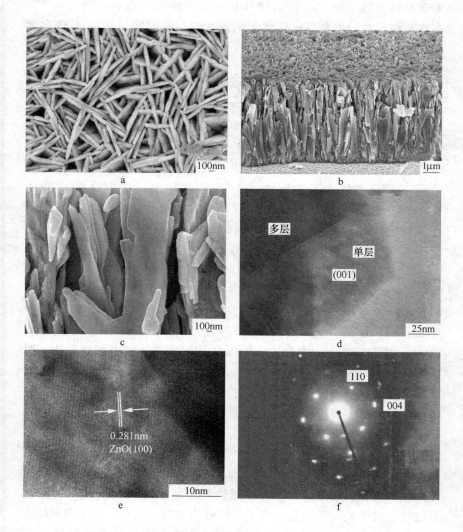

图 5-2 ZnO 纳米片阵列薄膜的 FESEM、TEM、HRTEM 和 SAED 图谱

5.4   反应条件对形貌演变的影响

通常，在晶体生长过程中，可以通过调节各个反应参数来调控动力学与热力学过程，进而实现具有不同形貌和结构的微纳材料[10]。在本节中，我们主要考察柠檬酸钠浓度和反应时间对 ZnONS 阵列薄膜形貌的影响规律。

5.4.1   柠檬酸钠浓度对 ZnO 纳米片阵列薄膜形貌的影响

为了探寻柠檬酸钠在 ZnONS 阵列生长过程中的作用，在保持其他反应条件不变的前提下（反应温度为 95℃，反应时间为 12h），我们分别进行了没有柠檬酸钠加入以及加入不同量的柠檬酸钠的对比实验。实验结果证明，在没有柠檬酸钠加入的情况下，在 FTO 基底上不能形成 ZnONS 阵列薄膜，这表明柠檬酸钠在 ZnONS 阵列薄膜的形成中起着关键的结构导向剂的作用。改变前驱物中柠檬酸钠的用量，得到的 ZnONS 阵列薄膜 FESEM 图如图 5-3 所示。

从图 5-3 可以看出，当前驱溶液中柠檬酸钠的量为 0.02g 时（图 5-3a），所得 ZnONS 的厚度不均匀，在 70 ~ 160nm 范围内变化。柠檬酸钠的量为 0.04g 时（图 5-3b），ZnONS 的厚度减小，范围为 50 ~ 100nm，且趋于均匀。柠檬酸钠的量为 0.05g 时（图 5-3c，d），ZnONS 的厚度均匀，厚度约为 50nm。柠檬酸钠的量增加到 0.06g 时（图 5-3e），ZnONS 的厚度继续减小，范围为 40 ~ 50nm，纳米片的形貌和厚度变得不均匀，而且纳米片之间的排列相较之前变得更致密，出现聚集现象。当柠檬酸钠的量增加到 0.07g 时（图 5-3f），ZnONS 的厚度仍保持在 40 ~ 50nm 范围内，相比 0.06g 时趋于均匀，但薄膜生长得更加密实，聚集现象更为严重，纳米片之间的空隙变小。基于以上分析可以看出，柠檬酸钠对 ZnONS 阵列的生长具有关键的导向作用。值得注意的是过多的柠檬酸钠会使制备的 ZnONS 阵列薄膜变得致密，对于光阳极而言不利于电解液的渗透，因此，前驱物中加入过多的柠檬酸钠将不利于 ZnONS 阵列薄膜光阳极光电化学性能的提高。

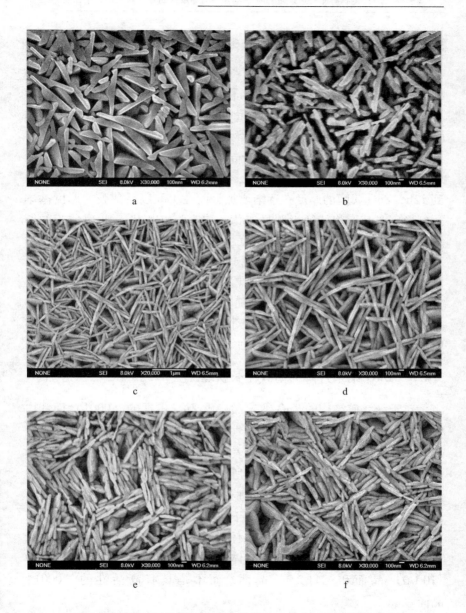

图 5-3 采用不同柠檬酸钠浓度所得 ZnO 纳米片阵列薄膜形貌

a—0.02g；b—0.04g；c, d—0.05g；e—0.06g；f—0.07g

5.4.2 反应时间对 ZnO 纳米片阵列薄膜厚度的影响

水热反应方法制备纳米薄膜，反应时间对晶体的生长有着重要的影响。在以上关于柠檬酸钠浓度对 ZnONS 阵列薄膜形貌的影响的研究基础上，我们将实验的反应温度保持为 95℃，柠檬酸钠浓度采用 0.05g，考察反应时间对 ZnONS 阵列薄膜生长的作用。

图 5-4 为 4～24h 不同反应时间条件下，所得 ZnONS 阵列薄膜的 FESEM 侧面图。从图中可以看出，随着反应时间的延长，由 4h 增加到 12h，ZnO 薄膜的厚度在逐渐增加，而在 12h 以后薄膜的厚度基本达到稳定，其形貌特征无明显变化，均为直立片状。4h 时薄膜的厚度为 $2.3\mu m$，6h 时薄膜的厚度为 $2.9\mu m$，8h 时薄膜的厚度为 $3.4\mu m$，12h、16h 和 24h 时，薄膜的厚度基本稳定在 $4.6～4.7\mu m$ 范围内。我们知道薄膜的生长和前驱物的浓度有关，浓度越高，反应越快，生长越快，所以从薄膜厚度随时间的变化值可知，前四个小时的生长是最快的，之后速度渐缓，到 12h 时，溶液中 Zn^{2+} 的消耗与溶解达到平衡，薄膜的厚度不再增加。

5.4.3 ZnO 纳米片阵列薄膜生长机理

对于纤锌矿结构的 ZnO 纳米晶，由 Zn^{2+} 占据的 (0001) 面和由 O^{2-} 占据的 $(000\bar{1})$ 面是两个极性面，另两个常见的晶面 $\{2\bar{1}\bar{1}0\}$ 和 $\{10\bar{1}0\}$ 是非极性面，它们的表面能低于 $\{0001\}$ 晶面的表面能。由于 ZnO 晶体结晶的各向异性，所以 ZnO 晶体的生长速率也表现各向异性[9,11]。根据吉布斯自由能理论，在热力学平衡的条件下，自由能较低的晶面最终保留下来。由于 $\{0001\}$ 晶面的能量较高，所以在没有表面活性剂的时候 ZnO 晶体沿着 c 轴即 [0001] 晶向的生长速率是最快的，这时，所生成晶体主要的裸露面是具有热稳定性的 $\{10\bar{1}0\}$ 晶面和 $\{11\bar{2}0\}$ 晶面，而不是具有高活性的 $\{0001\}$ 晶面[11]。

在 ZnO 的晶体生长过程中，晶体呈现不同的生长特性取决于各个晶面的相对生长速率。水热反应中 ZnO 不同晶面的生长速率顺序

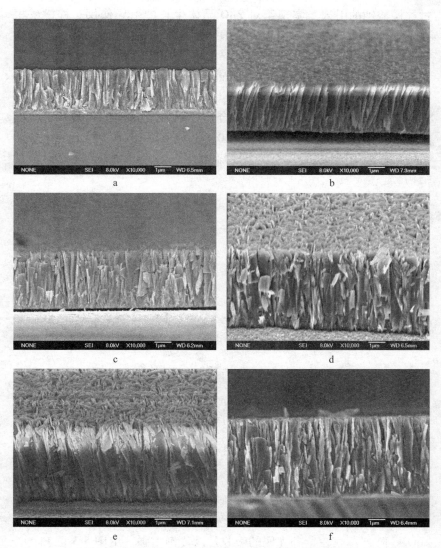

图 5-4 不同反应时间所得 ZnO 纳米片阵列薄膜形貌

a—4h；b—6h；c—8h；d—12h；e—18h；f—24h

为 $[0001]>[01\bar{1}\bar{1}]>[01\bar{1}0]>[01\bar{1}1]>[000\bar{1}]$。所以常见的 ZnO 晶体是沿着 $[0001]$ 方向生长的纳米线结构。在我们的实验中，通

过柠檬酸钠的引入，实现了对 ZnO 晶体生长的引导作用。柠檬酸根离子中的羧基—COO⁻ 和羟基—OH⁻ 基团会择优吸附在 Zn^{2+} 占据的（0001）面上[12]，降低（0001）晶面的表面能，增加了（0001）晶面的稳定性，如图 5-5 所示。ZnO 晶体生长过程中，柠檬酸根离子的吸附和 ZnO 生长基元在占据极性（0001）面上存在竞争关系，所以柠檬酸根离子与 Zn^{2+} 离子的强配合作用阻碍了晶体沿 [0001] 方向的生长，使得 ZnO 晶体沿着 [11$\overline{2}$0] 晶向和 [10$\overline{1}$0] 晶向的生长相对增强，从而生成了具有大比例高能面 {0001} 面裸露的纳米片结构。

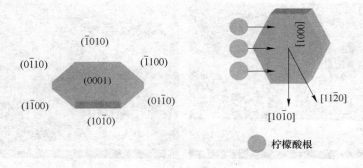

图 5-5　ZnO 纳米片的生长机理示意图

5.5　ZnO 纳米片阵列薄膜的性质研究

5.5.1　紫外 – 可见光光吸收特性分析

图 5-6 为不同实验条件所得 ZnONS 阵列薄膜的紫外 – 可见光光吸收图谱。由图 5-6a 可知，ZnONS 阵列薄膜对太阳光的吸收主要局限在紫外光区。而且随着前驱物中柠檬酸钠浓度的增加，所得 ZnONS 阵列薄膜在紫外光区的吸收强度逐渐增强。由图 5-3 已知，柠檬酸钠浓度用量的增加会导致纳米片之间的排列变得致密，出现聚集现象，因此薄膜在紫外光区的吸收增强可以归因于致密的纳米片增强了 ZnO 阵列薄膜对光的吸收能力，同时纳米片之间会对未吸收的透射光起到散射作用，使得入射到薄膜的紫外光得到了有效利用。图

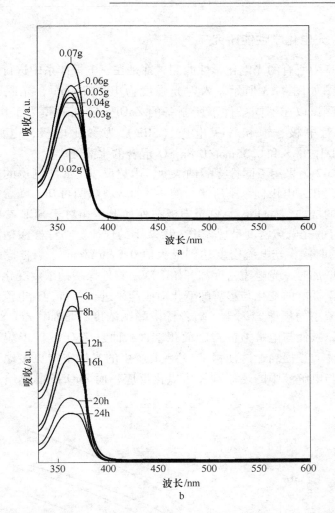

图 5-6 不同实验条件所得 ZnO 纳米片阵列薄膜紫外－可见光光吸收图谱
a—柠檬酸钠变化；b—时间变化

5-6b 是不同水热反应时间所得 ZnONS 阵列薄膜的紫外－可见光光吸收图谱，由图可知随着水热反应时间的延长，ZnO 薄膜在紫外光区的吸收强度呈逐渐减弱的规律。这可能是因为薄膜的反射增强，具体原因有待进一步研究。

5.5.2 光电化学性能研究

本章中所有的光电化学性能测试都是在三电极体系中进行的，装置示意图如图 4-13 所示。入射光强度为 $100mW/cm^2$，光照面积为 $1cm^2$。测试以在不同条件下所制备的 ZnONS 阵列薄膜为工作电极，铂网为对电极、饱和甘汞电极（SCE）为参比电极，电解液为 $0.25mol/L$ Na_2S 和 $0.35mol/L$ Na_2SO_3 混合的水溶液。

图 5-7 为采用不同柠檬酸钠浓度，水热反应 12h 所制得的 ZnONS 阵列薄膜在三电极体系下所测得的 J-V 曲线。从图可知，随着柠檬酸钠浓度的增加，ZnONS 薄膜光阳极在外加电压相对于 SCE 参比电极为 0V 时的光电流密度呈现先增大后减小的规律。在柠檬酸钠浓度为 $0.05g$ 的时候，光电流密度达到最大值 $0.87mA/cm^2$。当柠檬酸钠浓度继续增加时，光电流密度却开始下降。将柠檬酸钠浓度变化引起的光电化学性能的变化与形貌的变化对应起来进行分析，光电流密度先增大后减小的规律归因于，随着柠檬酸钠浓度的增加，ZnONS 的密度增大，致使与电解液的接触面积增大，而且 ZnONS 的形貌逐渐均匀，晶体质量提高，这使得 ZnONS 上产生的光生空穴更多地移向电解液，与电解液中的还原剂发生氧化反应，而 ZnONS 晶体质量的提

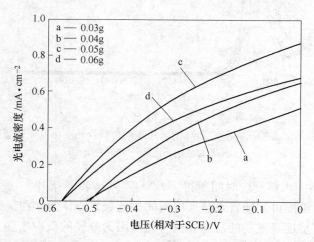

图 5-7　不同柠檬酸钠浓度所得 ZnO 纳米片阵列薄膜的 J-V 曲线对比

高则有利于光生电子的传输，从而增加了光电流，在 0.05g 时达到最大；当柠檬酸钠浓度继续增加时，ZnONS 的密度继续增，出现聚集现象，这使得 ZnONS 之间的空隙减小，不利于电解液的渗透，明显地减小了电解液和 ZnONS 之间的固液结面积，不利于光生空穴向电解液中移动，使得光生空穴电子对的复合严重，从而对样品的光电化学性能造成了不利的影响。

图 5-8 为柠檬酸钠加入量为 0.05g，不同反应时间所制得的 ZnONS 阵列薄膜在三电极体系下所测得的 J-V 曲线。由图可以看出，随着反应时间的增加，ZnONS 薄膜光阳极在外加电压相对于 SCE 参比电极为 0V 时的光电流密度呈现先增大后减小的规律。在反应时间为 12h 的时候，光电流密度达到最大值 0.87mA/cm^2。这可以归因于随着反应时间的延长，虽然在紫外光区的光吸收在减弱，但 ZnONS 阵列薄膜的厚度在逐渐增加，使得 ZnO 与溶液的接触面积也随之增大，有利于光生空穴电子对的分离和传输，从而增大了光生电流密度。随着反应时间的继续延长，ZnONS 薄膜光阳极的光电性能呈现下降趋势，这可以归因于 12h 以后样品的厚度基本保持稳定，ZnONS 与溶液的接触面积不再增加，但对紫外光的吸收却在逐渐减弱，导致光生载流子的数量有限，从而限制了薄膜的光电化学性能。

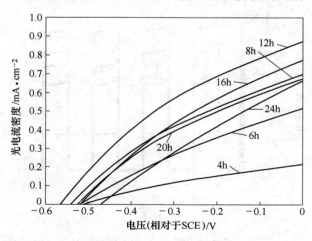

图 5-8　不同反应时间所得 ZnO 纳米片阵列薄膜的 J-V 曲线对比

为了进一步研究不同 ZnONS 阵列薄膜的光电化学性质，我们对所有样品进行了瞬时光电流响应测试。测试是在三电极体系中进行的，测试体系如前。入射光强度为 100mW/cm²，光照面积为 1cm²。图 5-9 为所有样品在外加电压相对于 SCE 参比电极为零偏压时所获得的间歇光照 *i-t* 曲线，测试的总时长为 100s，光照间歇时间为 10s。

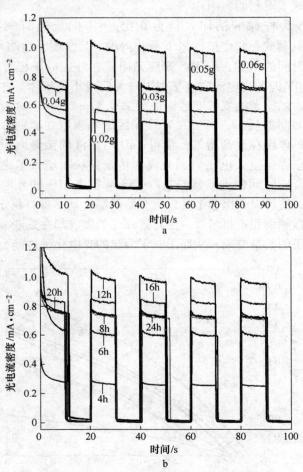

图 5-9 不同柠檬酸钠浓度（a）和不同反应时间（b）所得
ZnO 纳米片阵列薄膜的光响应曲线

从图中可以看出，所有样品在光照变化的瞬间电流变化非常明显。在无光照的条件下，所有样品的电流都很小，几乎为零。在光照的条件下，所有的样品在光照下都可以迅速产生光电流，说明 ZnONS 薄膜是一种很有前景的光阳极材料。图中还可以观察到，当停止光照时样品的光电流迅速减小为 0，弛豫时间很短，当恢复光照后，样品的光电流迅速上升到一个恒定的值，经过 5 个周期，样品光电流的减小有限，基本保持稳定，仍具有很好的重复性。这说明我们所制得的样品具有很好的光响应特性，光生电子和空穴能够被快速地分离，且在光照的条件下十分稳定。

从图 5-9a 可知，随着柠檬酸钠浓度的增加，ZnONS 薄膜光阳极在外加电压相对于 SCE 参比电极为 0V 时的光电流密度呈现先增大后减小的规律，在柠檬酸钠浓度为 0.05g 时达到最大，与 J-V 曲线规律相一致。而随着反应时间的增加，ZnONS 薄膜光阳极相对于 SCE 参比电极为 0V 时的光电流密度呈现先增大后减小的规律。总结以上两变量规律，可知当柠檬酸钠浓度为 0.05g，反应时间为 12h 时，所得样品的光电流最大，光响应特性最佳，光电流密度为 0.87mA/cm^2。

5.6 本章小结

本章采用水热合成方法首次在 FTO 基底上制备出大面积高能面裸露的 ZnONS 阵列薄膜。考察了柠檬酸钠的用量和反应时间对 ZnONS 阵列薄膜形貌的影响。对电极的光吸收特性和光电化学性能进行了分析研究。得出主要结论如下：

（1）通过在前驱物中加入柠檬酸钠，水热反应得到均匀的 ZnONS 阵列薄膜。ZnONS 沿着［110］方向择优生长，ZnONS 的主要裸露面为高能面 ｛0001｝面。柠檬酸钠对 ZnONS 的形成起关键作用，随着柠檬酸钠浓度的增加，纳米片的形貌趋于密集且逐渐均匀，在柠檬酸钠用量为 0.05g 时，所得 ZnONS 阵列薄膜的形貌最为均匀，片的厚度为 50nm；当柠檬酸钠的量继续增加时，ZnONS 之间的排列出现聚集现象。随着水热反应时间的延长，ZnO 薄膜的厚度逐渐增加，而在 12h 以后薄膜的厚度基本达到稳定，薄膜厚度为 4.7μm。

（2）ZnONS 阵列薄膜的光吸收主要局限在紫外光区，在可见光范围内几乎没有吸收。ZnONS 阵列薄膜在紫外光区的吸收强度随着前驱物中柠檬酸钠浓度的增加而逐渐增强，归因于纳米片密度的提高，增强了 ZnO 阵列薄膜对光的多次散射与吸收，使得入射到薄膜的紫外光得到了充分利用；随着水热反应时间的延长，ZnONS 阵列薄膜在紫外光区的吸收强度呈逐渐减弱的规律。

（3）在三电极体系下对所制得的 ZnONS 阵列薄膜光阳极进行光电化学性能的测试，发现随着柠檬酸钠用量的增加以及反应时间的延长，ZnONS 阵列薄膜光阳极的光电流密度均呈现先增大后减小的规律，在柠檬酸钠用量为 0.05g，反应时间达到 12h 时，所得样品的光电流达到最大，在外加电压相对于饱和甘汞参比电极为 0V 时的光电流密度为 $0.87mA/cm^2$，说明此时所得样品的光电化学性能最佳。

参 考 文 献

[1] Xu F, Dai M, Lu Y, et al. Hierarchical ZnO nanowire-nanosheet architectures for high power conversion efficiency in dye-sensitized solar cells [J]. The Journal of Physical Chemistry C, 2010, 114: 2776~2782.

[2] Ko S H, Lee D, Kang H W, et al. Nanoforest of hydrothermally grown hierarchical ZnO nanowires for a high efficiency dye-sensitized solar cell [J]. Nano Letter, 2011, 11: 666~671.

[3] Jiang C Y, Sun X W, Lo G Q, et al. Improved dye-sensitized solar cells with a ZnO-nanoflower photoanode [J]. Applied Physics Letters, 2007, 90: 263501.

[4] Pradhan D, Leung K T. Vertical growth of two-dimensional zinc oxide nanostructures on ITO-coated glass: effects of deposition temperature and deposition time [J]. The Journal of Physical Chemistry C, 2008, 112: 1357~1364.

[5] Sun H, Luo M, Weng W, et al. Room-temperature preparation of ZnO nanosheets grown on Si substrates by a seed-layer assisted solution route [J]. Nanotechnology, 2008, 19: 125603.

[6] Tian Z R, Voigt J A, Liu J, et al. Complex and oriented ZnO nanostructures [J]. Nat Mater, 2003, 2: 821~826.

[7] Yang H G, Liu G, Qiao S Z, et al. Solvothermal synthesis and photoreactivity of anatase TiO$_2$ nanosheets with dominant {001} facets [J]. Journal of the American Chemical Society, 2009, 131: 4078~4083.

[8] Han X, Jin M, Xie S, et al. Synthesis of tin dioxide octahedral nanoparticles with exposed high-energy {221} facets and enhanced gas-sensing properties [J]. Angewandte Chemie, 2009, 48: 9180~9183.

[9] Jang E S, Won J H, Hwang S J, et al. Fine tuning of the face orientation of ZnO crystals to optimize their photocatalytic activity [J]. Advanced Materials, 2006, 18: 3309~3312.

[10] 隋永明. 氧化亚铜纳米结构制备及性能研究 [D]. 长春: 吉林大学, 2010.

[11] Kong X Y, Wang Z L. Polar-surface dominated ZnO nanobelts and the electrostatic energy induced nanohelixes, nanosprings, and nanospirals [J]. Applied Physics Letters, 2004, 84: 975.

[12] Cho S, Jang J W, Jung A, et al. Formation of amorphous zinc citrate spheres and their conversion to crystalline ZnO nanostructures [J]. Langmuir, 2011, 27: 371~378.

6 II-VI族半导体/ZnO 纳米片阵列复合薄膜的制备及其光电化学性能研究

6.1 引言

量子点敏化太阳能电池中，常用作敏化剂的有 CdS，CdSe，Bi_2S_3，PbS，PbSe[1]等。其中 CdS 和 CdSe 对可见光有着较好的吸收特性，禁带宽度分别约为 2.42eV 和 1.70eV。另外，在 QDSCs 中，两种半导体的能带位置排列是影响电池效率非常重要的一点。当窄带隙无机半导体的导带底高于宽带隙半导体（如 ZnO，TiO_2 等）时，两者就形成一个典型的 Type-II 结构，此种结构有利于光生电子由量子点传输到 ZnO，同时空穴由 ZnO 传输到量子点，与电解液中的还原剂发生氧化还原反应，避免了空穴电子的复合，实现了光生载流子的有效分离。共敏化的方式可以通过在不同半导体之间形成阶梯状能级结构进一步提高量子点敏化太阳能电池的光电转化效率[2]。

本章在第 5 章所制备的二维 ZnO 纳米片（ZnONS）阵列薄膜基础上，采用 SILAR 方法在 ZnONS 阵列薄膜表面顺序沉积生长 CdS 和 CdSe 量子点，形成 ZnO/CdS/CdSe 叠层结构。对不同沉积圈数所得样品的形貌特征、晶体结构、界面结构、光吸收性能进行表征，并对其光电化学性质进行研究，考察 CdS 和 CdSe 单独敏化和共敏化的异同，以及相关机理。

6.2 CdS 敏化 ZnO 纳米片阵列薄膜的制备及其光电化学性能研究

6.2.1 CdS 敏化 ZnO 纳米片阵列薄膜的制备

ZnONS 阵列薄膜采用水热方法制备，具体过程参见第 5.2 节。

所采用的实验条件是 95℃水热，反应时间选取 12h。在量子点敏化之前，对 ZnONS 阵列薄膜做 600℃热处理 2h，以去掉 ZnO 表面残留的柠檬酸根离子（实验中发现将 ZnONS 阵列薄膜在 500℃热处理 2h 后，样品上会出现黑色物质，可能是在此温度下柠檬酸钠发生了碳化，600℃热处理 2h 后样品表面干净无异物，说明柠檬酸钠已经挥发或者分解，因此选取 600℃为退火条件）。

本实验中，CdS 对 ZnONS 阵列薄膜的敏化是通过 SILAR 的方法实现的，实验所采用的硫源和镉源配制方法、具体操作步骤如下。

镉源：0.5mol/L 的 Cd（NO$_3$）$_2$乙醇溶液，新鲜溶液备用。

硫源：0.5mol/L 的 Na$_2$S 甲醇和水的混合溶液（体积比为1∶1）。

首先将长有 ZnONS 阵列薄膜的样品浸泡在 Cd(NO$_3$)$_2$ 的乙醇溶液中，使 Cd^{2+} 离子吸附在纳米片上。5min 后取出样品，用无水乙醇冲洗，以避免将附着的 Cd^{2+} 离子引入硫源造成污染。用 N$_2$ 吹干，将样品浸泡于 Na$_2$S 甲醇和水的混合溶液中，5min 后取出，去离子水冲洗，N$_2$ 吹干。这称为 CdSe 的一次沉积，也称为一个循环。通过改变沉积次数来改变纳米棒上 CdS 量子点的量及尺寸。最后，将样品在 300℃空气中退火 1h，自然冷却至室温。具体操作如图 6-1 所示。

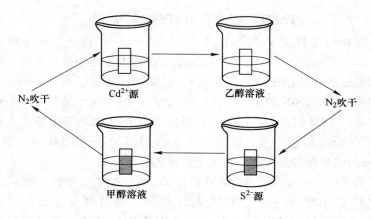

图 6-1 SILAR 方法沉积 CdS 量子点流程图

6.2.2　CdS 敏化 ZnO 纳米片阵列薄膜的表征

6.2.2.1　XRD 分析

采用连续离子层吸附反应法制备的 ZnONS/CdS 复合薄膜中，CdS 的相组分很小，当沉积次数较少时样品的 XRD 光谱中根本观察不到 CdS 的衍射峰，所以我们将沉积次数增加到 15 次，对此样品进行 X 光衍射测试，如图 6-2 所示。

图 6-2a 是 CdS 敏化前后样品的 XRD 对比图，从图中可以看出，与单纯 ZnONS 薄膜相比，样品 ZnONS/CdS（15c）的 X 光衍射图谱基本确认为纤锌矿结构的 ZnO，这可能是因为在薄膜中 CdS 的相组分依然太小。为了进一步观察在 ZnONS 上是否沉积了 CdS 量子点，我们将 X 光谱的量程降低，如图 6-2b 所示。可以看出在 2θ 为 50.89°、52.80°和 69.26°处出现了三个微弱的新峰，通过与标准 PDF 卡片 [JCPDS No.75-1545] 对照，分别可以确认为纤锌矿结构 CdS 的（200）、（201）和（210）晶面，在 2θ 为 44.34°处有一个衍射包，大约可以对应纤锌矿结构 CdS 的（110）晶面。另外，在 2θ 为 51.70°处原来的 FTO 的峰有所增强，说明还有新峰出现。与标准 PDF 卡片 [JCPDS No.75-1545] 对照，可以对应于纤锌矿结构 CdS 的（112）晶面。这些新峰（包）的出现说明了沉积在 ZnONS 表面的是 CdS 颗粒。

6.2.2.2　FESEM、TEM 和 HRTEM 分析

图 6-3a 是样品 ZnONS/CdS（9c）的 FESEM 图。从图中可以看出，CdS 沉积后，ZnONS 表面均匀地分布着大量的小尺寸颗粒，与未沉积 CdS 的样品相比（见图 5-2c），表面明显粗糙了很多，说明 CdS 已沉积在了 ZnONS 的表面，颗粒的尺寸在 8～14nm 范围内。图 6-3b 是样品的 TEM 图片，从图中可以看出 ZnONS 表面均匀分布着大量尺寸为 3～5nm 的量子点，说明在样品的 FESEM 图（图 6-3a）中 8～14nm 的纳米颗粒是由量子点聚集而成的。

为了进一步表征 CdS 量子点在 ZnONS 表面的分布，我们对样品进行了 HRTEM 分析，如图 6-3c 所示。通过测量晶格，可以确认出现在图 6-3c 右边尺寸较大的晶体是 ZnO 晶体，测量的晶面间

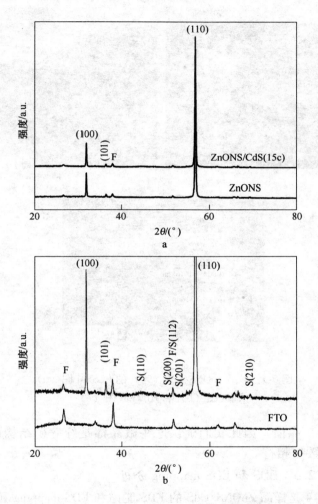

图 6-2 样品 ZnONS 与 ZnONS/CdS 的 XRD 对比图谱

距为 0.281nm，对应纤锌矿结构 ZnO 的（100）晶面。在 ZnO 周围，分布着结晶性很好且沿着不同方向生长的小尺寸微晶。通过仔细地测量这些晶格间距，并与标准 PDF 卡片（JCPDs card no. 75-1545）对比，知道大小为 0.316nm、0.168nm、0.180nm 和 0.152nm 的晶格条纹分别对应 CdS 的（101）、（004）、（200）

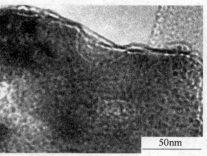

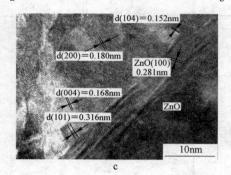

图 6-3 样品 ZnONS/CdS（9c）的 FESEM 图（a）、
TEM 图（b）和 HRTEM 图（c）

和（104）晶面。因此我们确认这些微晶都是纤锌矿结构的 CdS，
与 XRD 数据相符。

6.2.2.3 EDS 和 EDS-mapping 分析

图 6-4 是样品 ZnONS/CdS 的 EDS 能谱和 EDS-mapping 元素分布
图。可以看出 Zn 元素、O 元素、Cd 元素、S 元素均在样品中存在。
其中 Zn，O 元素主要来自 ZnO 纳米片，Cd，S 元素主要来自于沉积
的 CdS 层。这些结果表明 CdS 已经被沉积在 ZnO 纳米片的表面。
另外，从 EDS-mapping 元素分布图上可以看出 Cd 元素和 S 元素在
纳米片上相对均匀地分布，说明 CdS 颗粒均匀地沉积在 ZnO 纳米片
上。

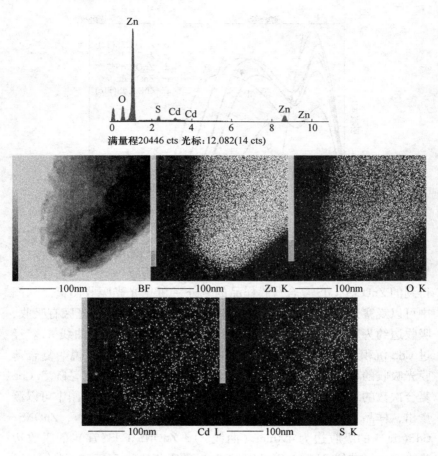

图 6-4　样品 ZnONS/CdS 的 EDS-mapping 元素分布图

6.2.3　CdS 敏化 ZnO 纳米片阵列薄膜的性质研究

6.2.3.1　紫外－可见光光吸收特性分析

　　由第 5 章数据已知，反应时间为 12h 时所得 ZnONS 阵列薄膜样品的光电化学特性达到最佳值，所以我们确定所有样品的反应时间为 12h，对其高温退火后再进行 CdS 敏化，并探索复合不同次数所得样品的光吸收特性和光电化学特性规律。图 6-5 即为经过不同循环次数

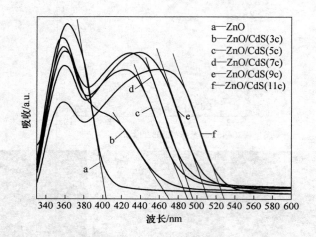

图 6-5   CdS 敏化 ZnO 纳米片阵列复合薄膜的紫外 - 可见光光吸收图谱

得到的 ZnONS/CdS 复合薄膜样品的紫外 - 可见光光吸收图谱。从图中可以观察到，单纯的 ZnO 纳米片阵列薄膜主要在紫外光区有吸收，吸收边约为 405nm，在可见光范围内几乎没有光吸收（曲线 a）。经过 CdS 沉积后，薄膜的光吸收范围拓展到了可见光区，说明复合薄膜光吸收的增强是因为窄禁带半导体 CdS 的出现。而且，随着 CdS 复合次数的增加，样品的光吸收边位置逐渐发生红移。从图中可以测量出，样品 ZnONS/CdS(3c) 的吸收边为 470nm（曲线 b），ZnONS/CdS(5c) 的吸收边为 490nm（曲线 c），ZnONS/CdS(7c) 的吸收边为 495nm（曲线 d），ZnONS/CdS(9c) 的吸收边为 510nm（曲线 e），复合 11 个循环后，样品 ZnONS/CdS(11c) 的吸收边为 530nm（曲线 f）。根据之前讨论的量子限制效应，我们确定可见光区吸收边的红移归因于 CdS 粒子的长大。根据光子的能量公式 $E = h\nu = hC/\lambda = 1240/\lambda$ 计算可得，以上复合薄膜即 ZnONS/CdS(3-9c) 上生成的 CdS 粒子的禁带宽度分别为 2.63eV，2.53eV，2.50eV 和 2.43eV。与块体 CdS 的禁带宽度 2.42eV 相比较，可以发现当复合次数小于 9 层时，所得 CdS 粒子的尺寸还保持在量子点范围内。而当复合次数大于 9 层时，粒子的尺寸就超越量子尺寸，可能会对样品的光电化学性能产生影响。从整体上看，CdS 沉积将光阳极的光吸收范围拓展到了可见光区域，这对提高薄膜的光电化学性能具有积极的意义。

6.2.3.2 光电化学性能研究

光电化学性能测试采用三电极体系进行，装置示意图见图 2-13。入射光强度为 100mW/cm²，光照面积为 1cm²。测试以所制备的样品为工作电极，铂网为对电极、饱和甘汞电极（SCE）为参比电极，0.25mol/L Na₂S 和 0.35mol/L Na₂SO₃ 混合的水溶液为电解液。

图 6-6 为在光照的条件下，不同 CdS 沉积次数的 ZnONS/CdS(n) 电极在三电极体系下所测得的 J-V 曲线。从图中可以看出，退火之后的单纯 ZnONS 光阳极在外加电压相对于 SCE 参比电极为 0V 时的光电流密度为 0.96mA/cm²，沉积 CdS 之后，ZnONS/CdS(n) 电极的光电流密度都有明显增大。随着 CdS 沉积次数的增加，ZnONS/CdS(n) 电极的光电流密度呈现先增大后减小的规律。在沉积次数为 9 的时候，光电流密度达到 2.12mA/cm²，远大于复合 CdS 前的光电流密度。CdS 敏化对光阳极光电流密度的提高可以归因于：（1）随着 CdS 沉积圈数的增加，CdS 在 ZnONS 薄膜上沉积的量不断增加，对可见光的吸收逐渐增强，致使产生的光生载流子数量随之增多；（2）CdS 与 ZnONS 界面生长形成了异质结，而且异质结面积随沉积次数增加

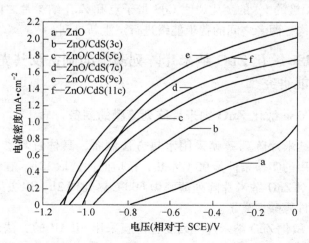

图 6-6 经过不同 CdS 沉积次数得到的 ZnONS/CdS（n）电极的 J-V 曲线

而增大，为光生载流子分离提供了更多的通道，此两因素相结合最终导致 ZnONS/CdS 复合薄膜光电化学性能的提高。

当沉积圈数增加到 11 时，光电流密度却开始下降，沉积圈数为 11 时光电流密度下降到 2.03mA/cm^2，这是因为当沉积次数达到 9 时，CdS 颗粒对 ZnO 纳米片的包覆达到了最大，此时继续沉积 CdS 已不能增加异质结区面积，只会导致 CdS 颗粒的团聚，进而使 CdS 粒子之间的晶界处发生空穴电子复合，不利于空穴电子对的分离，进而导致光电流密度下降。

除了光电流密度的变化规律，我们还观察到不同光阳极相对于 SCE 参比电极电流密度为零时的电压也有所变化，如图 4-6 所示。由于三电极体系中测量的电压是相对于参比电极而言的，并非相对于对电极的，因此电流密度为零时的电压并非真正的电池开路电压，为便于后面的讨论，我们定义工作电极相对于 SCE 参比电极电流密度为零时的电压为准开路电压，记为 V_{roc}。从图 4-6 中还可以看出单纯 ZnONS 薄膜电极的 V_{roc} 为 0.79V，而沉积了 CdS 之后，ZnONS/CdS 光阳极的 V_{roc} 都明显增大，其中 ZnONS/CdS(9c) 光阳极的 V_{roc} 增加到 1.11V。我们知道光照下光阳极的开路电压对应着半导体费米能级与电解液中氧化还原对的电势之差，因此 ZnONS 光阳极与 ZnONS/CdS(9c) 光阳极的 V_{roc} 的变化说明 CdS 量子点和 ZnO 纳米片之间形成了异质结结构，两者之间的费米能级进行了重新排列。

6.3　CdSe 敏化 ZnO 纳米片阵列薄膜的制备及其光电化学性能研究

6.3.1　CdSe 敏化 ZnO 纳米片阵列薄膜的制备

ZnO 纳米片阵列薄膜采用水热方法制备，具体过程参见第 5.2 节。所采用的实验条件是 95℃水热，反应时间选取 12h。在量子点敏化之前，对 ZnO 纳米片阵列薄膜做 600℃热处理 2h，以去掉 ZnO 表面残留的柠檬酸根离子。

CdSe 敏化 ZnO 纳米片阵列复合薄膜采用 SILAR 的方法制备。具体过程参见第 4.4.1 节。

6.3.2 CdSe 敏化 ZnO 纳米片阵列薄膜的性质研究

6.3.2.1 紫外－可见光光吸收特性分析

图 6-7 为沉积不同次数 CdSe 的 ZnONS/CdSe 电极的紫外－可见光光吸收图谱。从图中可以看出，与单纯 ZnONS 相比，所有 ZnONS/CdSe 电极的吸收范围都得到了明显的拓展，由紫外光区（320～400nm）拓展到了可见光区（320～750nm）。同时可以发现随着 CdSe 沉积次数的增加，光吸收强度在逐渐增强。样品对可见光的吸收可以归因于 CdSe 的存在。在本工作中随着 CdSe 复合次数的增加，样品在可见光区的吸收强度的增强，可以归因于 ZnO 纳米片上沉积 CdSe 的量也随着沉积次数的增加而增加。

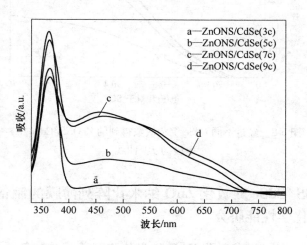

图 6-7 CdSe 敏化 ZnO 纳米片阵列复合薄膜的
紫外－可见光光吸收图谱

6.3.2.2 光电化学性能研究

图 6-8 为在光照的条件下，不同 CdSe 沉积次数的 ZnONS/CdSe (n) 电极在三电极体系下所测得的 J-V 曲线。由图可知，样品在外加电压相对于 SCE 参比电极为 0V 时的光电流密度随着 CdSe 沉积次数的增加呈现先增大后减小的规律。在沉积次数为 7 的时候，光

电流密度达到最大值 3.1mA/cm², 明显大于 ZnONS 电极的光电流密度 0.96mA/cm²。当 CdSe 沉积次数达到 9 时, 光电流密度迅速下降到 2.55mA/cm²。关于 ZnONS/CdSe (n) 光电特性规律的变化机理, 与第 4 章中 CdSe 敏化 ZnO 纳米棒阵列薄膜类似, 具体见第 4.4.3.2 节。

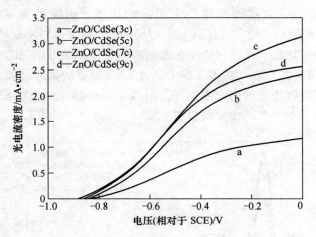

图 6-8　经过不同 CdSe 沉积次数得到的 ZnONS/CdSe(n)
电极的 J-V 曲线

6.4　CdS/CdSe 共敏化 ZnO 纳米片阵列薄膜的制备及其光电化学性能研究

6.4.1　CdS/CdSe 共敏化 ZnO 纳米片阵列薄膜的制备

ZnO 纳米片阵列薄膜采用水热方法制备, 具体过程参见第 5.2 节。所采用的实验条件是 95℃水热, 反应时间选取 12h。在量子点敏化之前, 对 ZnO 纳米片阵列薄膜做 600℃热处理 2h, 以去掉 ZnO 表面残留的柠檬酸根离子。

根据 CdSe、CdS 和 ZnO 三者之间的能带位置关系, 我们设计了以 CdS 为内层敏化剂, CdSe 为外层敏化剂的共敏化结构, 预期达到样品的示意图如图 6-9 所示。CdSe/CdS 共敏化 ZnO 纳米片阵列薄膜采用 SILAR 方法制备。CdS 层的沉积办法详见第 6.2.1 节，而 CdSe 敏化的具体过程参见第 4.4.1 节。我们先对 ZnO 纳米片阵列薄膜进行 9 个循环 CdS 的沉积，探讨在此基础上 CdSe 的最佳沉积次数。

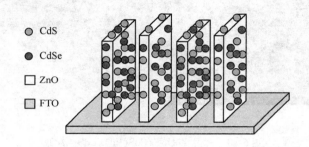

图 6-9　CdS/CdSe 共敏化 ZnONS 阵列薄膜光阳极的结构示意图

6.4.2　CdS/CdSe 共敏化 ZnO 纳米片阵列薄膜的表征

6.4.2.1　FESEM 和 TEM 分析

图 6-10 是样品 ZnONS/CdS（9c）/CdSe（7c）的 FESEM 图和 TEM 图。从图 6-10a FESEM 图中可以看出，ZnO 纳米片表面均匀地分布着大量的小颗粒，颗粒的尺寸在 13～20nm 范围内。与未沉积 CdSe 的样品相比（图 6-3a），颗粒尺寸明显增大，间接说明 CdSe 沉积在了 ZnONS/CdS 上，与 CdS 量子点共同实现了对 ZnONS 的共敏化。从图 6-10b 中可以看出 ZnO 纳米片表面均匀分布着的量子点的尺寸为 6～8nm，说明在样品的 FESEM 图（图 6-10a）中的纳米颗粒是由量子点聚合而成的。

6.4.2.2　HRTEM 分析

为了进一步表征 CdS 和 CdSe 量子点在 ZnO 纳米片表面的分布，我们对样品 ZnONS/CdS(9c)/CdSe(7c) 进行了 HRTEM 分析，图 6-11 为样品 ZnONS/CdS(9c)/CdSe(7c) 不同区域的 HRTEM 图。在图中可以分辨出晶格间距为 0.214nm、0.349～0.351nm 和 0.326～0.328nm 的晶格条纹，与标准 PDF 卡片（JCPDs card no. 77-2307）对比，在误差范围内可以确认为 CdSe 的（110）晶面、（002）晶面和

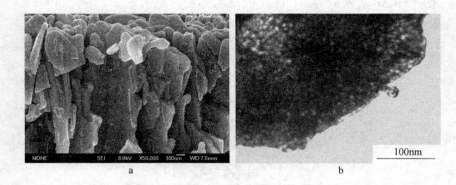

图 6-10 样品 ZnONS/CdS(9c)/CdSe(7c)

a—FESEM 图；b—TEM 图

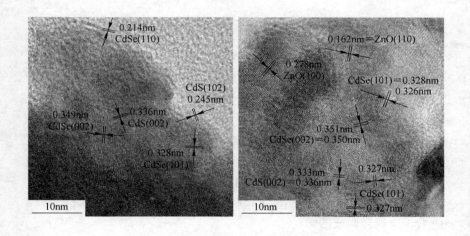

图 6-11 样品 ZnONS/CdS(9c)/CdSe(7c) 不同区域的 HRTEM 图

（101）晶面。还可以测量出晶格间距为 0.334~0.336nm 和 0.245nm 的晶格条纹，通过与标准 PDF 卡片（JCPDs card no.75-1545）对比，在误差范围内可以确认为 CdS 的（002）晶面和（102）晶面。另外，还可以观察到 HRTEM 图中 CdSe 量子点的数量要多于 CdS 量子点的数量。这可能是因为在我们的实验过程中，CdSe 量子点的沉积是在

CdS 之后进行的，也就是说 CdSe 是包覆生长在 CdS 外面的。这在一定程度上说明我们实现了最初的实验设计，即 CdS 和 CdSe 分别处于内、外层对 ZnONS 阵列薄膜共敏化。

6.4.2.3 XRD、EDS 和 EDS-mapping 分析

图 6-12 是样品 ZnONS/CdS(9c)/CdSe(9c) 的 XRD 图谱和 EDS

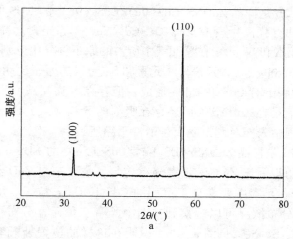

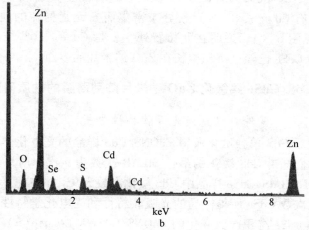

图 6-12 样品 ZnONS/CdS(9c)/CdSe(9c) 的
XRD 图谱（a）和 EDS 能谱（b）

能谱。从图 6-12a 中可以看出,所有衍射峰都与标准 JCPDS 卡片 36-1451 对应得很好,表明薄膜主要成分为纤锌矿结构的 ZnO,并没有出现 CdS 和 CdSe 的衍射峰。这可以归因于 CdS 和 CdSe 量子点的相组分远低于 ZnO,致使在所进行的 XRD 测量量程下未显现出 CdS 和 CdSe 量子点的衍射峰。

为了说明样品上 CdS 和 CdSe 的存在,我们对样品进行了 EDS 分析。图 6-12b 是样品 ZnONS/CdS(9c)/CdSe(9c) 的 EDS 图谱,从图中可以产出,样品中含有 Zn,O,Cd,Se,S 等元素。样品中的 Cd 元素、S 元素和 Se 元素在总元素中所占的原子百分比分别为 5. 61%、4. 26% 和 3. 88%,Cd 元素与 S 元素和 Se 元素的原子比明显小于 1∶1。说明薄膜上有 CdS 和 CdSe 形成,但存在 S 和(或)Se 过量的问题。这可能是在 ZnONS 表面还存在吸附的 S 和(或)Se 离子,源于 SILAR 过程中未能对剩余阴离子清洗干净所致。

图 6-13 是样品 ZnONS/CdS(9c)/CdSe(5c) 的 EDS-mapping 元素分布图。可以看出 Zn、O 元素分布均匀,主要来自 ZnO 纳米片,而 Cd、S 和 Se 元素主要来自于沉积的 CdS 和 CdSe 粒子。从 Cd、S 和 Se 元素的分布情况可以观察到:图中既有三种元素分布位置一致的地方(Cd、S、Se,见图 a 区),说明在这样的位置处既有 CdS 也有 CdSe;也有 Cd 元素和 Se 元素分布密集而 S 元素稀疏的地方(Cd、S、Se,见图 b 区),说明在此位置处主要是 CdSe。这些结果间接表明 CdS 和 CdSe 已经被沉积生长在 ZnO 纳米片的表面。

6.4.3　CdS/CdSe 共敏化 ZnO 纳米片阵列薄膜的性质研究

6.4.3.1　紫外-可见光光吸收特性分析

通过对 CdS 单独敏化所得 ZnONS/CdS 样品的光电化学特性研究分析,我们知道 CdS 敏化的最佳 SILAR 次数为 9 次,所以我们确定所有 ZnONS/CdS/CdSe 样品中 CdS 敏化次数为 9,并在此基础上探索复合不同次数 CdSe 所得样品的光吸收特性和光电化学特性规律。图 6-14 是随 CdSe 沉积次数变化的 ZnONS/CdS(9c)/CdSe(n) 样品的紫外-可见光光吸收图谱。为比较起见,图中也给出了单纯 ZnONS 和 ZnONS/CdS(9c) 的光吸收谱。从图中可以观察到,复合 CdSe 后,

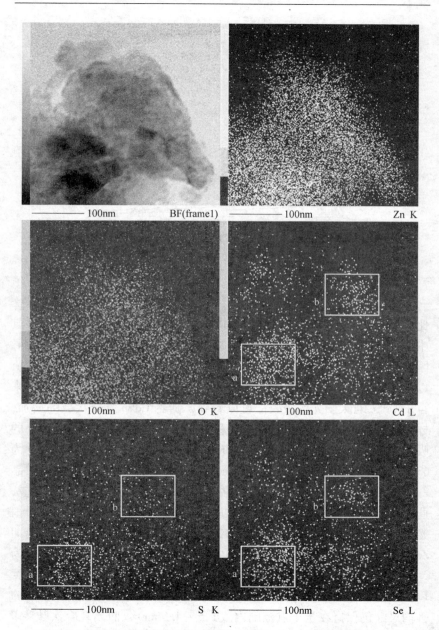

图 6-13 样品 ZnONS/CdS(9c)/CdSe(5c) 的 EDS-mapping 元素分布图

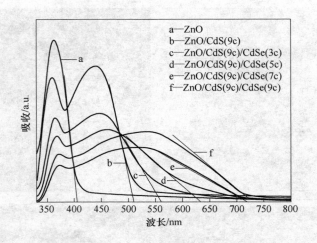

图 6-14 CdS 和 CdSe 共敏化 ZnO 纳米片阵列复合薄膜
的紫外 - 可见光光吸收图谱

比起 ZnONS/CdS(9c)，薄膜的吸收光谱显示了更宽的吸收范围，其中样品 ZnONS/CdS(9c)/CdSe(9) 的吸收范围最宽，为 320～735nm。因为样品 ZnONS/CdS(9c) 对太阳光的吸收范围在 320～510nm，所以样品 ZnONS/CdS(9c)/CdSe(n) 在 510～735nm 范围内的吸收是来自于 CdSe 对太阳光的吸收。可以看到，随着 CdSe 复合次数的增加，样品的光吸收边位置逐渐发生红移。ZnONS/CdS(9c)/CdSe(3c) 的吸收边为 565nm，样品 ZnONS/CdS(9c)/CdSe(5c) 的吸收边为 630nm，样品 ZnONS/CdS(9c)/CdSe(7c) 的吸收边为 720nm，样品 ZnONS/CdS(9c)/CdSe(9c) 的吸收边为 735nm。根据量子限制效应，此时可见光区吸收边的红移则可以归因于 CdSe 量子点的长大。根据光子的能量公式 $E = h\nu = hC/\lambda = 1240/\lambda$ 计算可得，以上复合薄膜即 ZnONS/CdS(9c)/CdSe(3-9c) 上生成的 CdSe 粒子的禁带宽度分别为 2.19eV、1.97eV、1.72eV 和 1.69eV。与块体 CdSe 的禁带宽度 1.70eV 相比较，可以看出当复合次数达到 7 次时，所得 CdSe 粒子的平均尺寸仍保持在量子点范围内（1.5～4.5nm），而当复合次数为 9 次时，粒子的平均尺寸就超越量子尺寸。从整体上看，CdS 和 CdSe

共敏化样品的光吸收覆盖了可见光的大部分范围，这对薄膜光电性能的提高具有积极的意义。

6.4.3.2　光电化学性能研究

图 6-15 为在光照的条件下，不同 CdSe 沉积次数的 ZnONS/CdS(9c)/CdSe(n) 光阳极在三电极体系下所测得的 J-V 曲线。由图可知，随着 CdSe 沉积次数的增加，样品 ZnONS/CdS(9c)/CdSe(3-9c) 在外加电压相对于 SCE 参比电极为 0V 时的光电流密度同样呈现先增大后减小的规律。在沉积次数为 7 的时候，ZnONS/CdS(9c)/CdSe(7c) 光阳极的光电流密度达到最大值，为 4.42mA/cm^2，是单纯 ZnONS 电极的 4.6 倍，是 ZnONS/CdS(9c) 电极光电流的 2 倍，比 ZnONS/CdSe(7c) 的 3.1mA/cm^2 高出 1.12mA/cm^2。而当沉积次数增加到 9 时，短路电流密度减小到 3.81mA/cm^2。

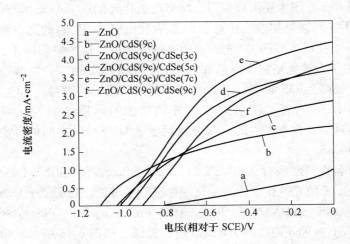

图 6-15　经过不同 CdSe 循环次数得到的 ZnONS/CdS(9c)/CdSe(n) 电极的 J-V 曲线

CdS 和 CdSe 共敏化对光阳极光电流密度的提高，应归因于以下几点：（1）随着 CdSe 沉积圈数的增加，CdSe 在 ZnONS/CdS(9c)/CdSe(n) 薄膜上沉积的量逐渐增多，薄膜的光吸收性能得到提高，有利于产生更多的光生载流子；（2）CdSe 量子点在 ZnONS/CdS(9c)

薄膜上的沉积，导致了阶梯状结构异质结 ZnO/CdS/CdSe，在 ZnO/CdS 和 CdS/CdSe 两个异质结区的内建电场作用下，光生载流子可以更加有效地分离，此两因素相结合最终导致 ZnONS/CdS/CdSe 复合薄膜的光电化学性能有了很大提高。

而当 CdSe 沉积次数大于 7 时，样品的光电流密度有所降低，这说明当 ZnONS/CdS(9c)/CdSe(n) 薄膜上 CdSe 的量达到一定程度时，继续沉积并不利于光电流的提高。原因有以下几点：（1）当沉积次数达到一定值时，CdSe 颗粒长大并发生团聚，使得载流子易在 CdSe 粒子之间以及 CdSe 和 CdS 之间的晶界处复合，不利于空穴电子对的分离和传输；（2）过量的 CdSe 意味着载流子在迁移过程中要越过更多的势垒，不利于光生载流子的传导。两者结合导致沉积过多 CdSe 的样品光电流密度下降。

另外，在图中还可以看出，所有共敏化光阳极 ZnONS/CdS(9c)/CdSe(3-9c) 在外加电压相对于 SCE 参比电极为 0V 时的光电流密度都大于 ZnONS/CdS(9c) 光阳极的光电流密度。这主要归因于：（1）CdSe 量子点敏化拓宽了样品在可见光区的光吸收范围，将吸收边由 510nm 红移至 735nm 处，有效增加了光生载流子的数量；（2）ZnO、CdS 和 CdSe 三者之间形成了阶梯状结构的异质结结构 ZnO-CdS-CdSe，这对空穴电子对的有效分离优于 ZnO 与 CdS 之间的异质结结构 ZnO-CdS。

以上我们已经对 ZnONS/CdS、ZnONS/CdSe 和 ZnONS/CdS/CdSe 不同光阳极的光电化学性能变化规律进行了讨论，为了便于分析，我们将 ZnONS、ZnONS/CdS(9c)、ZnONS/CdSe(7c) 和 ZnONS/CdS(9c)/CdSe(7c) 四种光阳极的 J-V 曲线对比总结，如图 6-16 所示。由图可知，单纯 ZnONS 阵列薄膜的光电流较小，为 0.92mA/cm²。由于 ZnONS 的光吸收边在 405nm，只能吸收波长低于 405nm 的紫外光，而氙灯光源中的紫外光成分所占总光谱能量的很少部分，比例约为 4%，光照时在 ZnONS 中所能产生的光生空穴电子对的数量很低，因此决定通过固液界面分离出来的光生电子的数量很少，致使单纯 ZnONS 阵列薄膜的光电流较小。经过量子点敏化之后的样品光阳极都得到提高，ZnONS/CdS(9c) 光阳极的光电流密度为 2.12mA/cm²，

ZnONS/CdSe(7c) 光阳极的电流密度为 3.1mA/cm²，ZnONS/CdS(9c)/CdSe(7c) 光阳极的光电流密度达到最大，为 4.42mA/cm²。这主要归因于量子点敏化拓宽了 ZnO 基光阳极对太阳能可见光的吸收范围，ZnONS/CdS(9c) 的吸收边扩展到 510nm，ZnONS/CdSe(7c) 扩展到 750nm，ZnONS/CdS(9c)/CdSe(7c) 为 735nm。吸收边的红移，增加了光生空穴电子对的数量；而 ZnO 与量子点之间形成的异质结结构，尤其是共敏化所得的 ZnONS/CdS/CdSe 叠层结构，明显提高了空穴电子对的分离效率。这些因素显著增强了 ZnONS/CdS(9c)/CdSe(7c) 作为光阳极时的光电流密度。

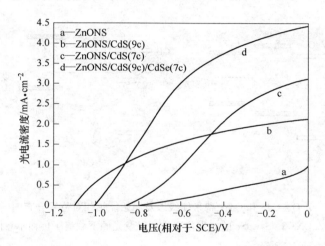

图 6-16　基于 ZnO 纳米片阵列薄膜不同电极的 *J-V* 曲线对比

　　另外，除了光电流密度的变化规律，从图 6-16 中还观察到不同光阳极的准开路电压 V_{roc} 也有所变化。单纯 ZnONS 薄膜相对于 SCE 参比电极的 V_{roc} 为 0.79V，而沉积了 CdS 之后，ZnONS/CdS 光阳极的 V_{roc} 都明显增大，其中 ZnONS/CdS(9c) 光阳极的 V_{roc} 增加到 1.11V。沉积了 CdSe 之后，ZnONS/CdSe 光阳极的 V_{roc} 相比 ZnONS 光阳极而言都有所增大，但都小于 ZnONS/CdS 光阳极，其中 ZnONS/CdSe(7c) 光阳极的 V_{roc} 增加到 0.86V。而共敏化所得光阳极 ZnONS/CdS(9c)/CdSe 的 V_{roc} 大小则介于 ZnONS/CdSe 和 ZnONS/CdS 之间，其中

ZnONS/CdS(9c)/CdSe(7c) 的 V_{roc} 大小为 1.0V。

　　光照下光阳极的开路电压对应着半导体费米能级与电解液中氧化还原对的电势之差，因此各光阳极之间 V_{roc} 的变化说明 CdS 量子点、CdSe 量子点和 ZnO 纳米片之间形成了异质结结构，彼此之间的费米能级进行了重新排列。为了更好地理解这个机制，我们提出了一个基于 ZnO、CdS 和 CdSe 电子能带结构的示意图，来说明费米能级重新排布前后三种半导体之间的能级排列变化，以及半导体敏化 ZnO 复合薄膜光阳极在光照下的电荷分离传输情况，如图 6-17 所示。

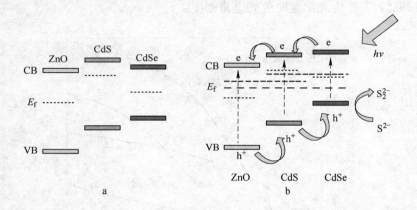

图 6-17　ZnO，CdS 和 CdSe 费米能级以及原始能带相对位置分布图（a）和
异质结 ZnONS/CdS/CdSe 的能带位置排布以及光照下载流子传输示意图（b）

　　根据文献报道，块体 CdS 和 CdSe 的导带位置都比 ZnO 导带位置更负，而 CdS 的导带比 CdSe 导带位置更负，如图 6-17a 所示。当两种半导体相接触形成异质结，并将半导体放入电解液中时，两半导体之间以及半导体与溶液会发生费米能级的重新排列并最终达到一致。因此，对于光阳极 ZnO/CdS，当 ZnO 与 CdS 形成异质结时，电子会由 CdS 流向 ZnO，直到达到一个新的电子能级平衡，此时 ZnO 的费米能级和 CdS 的费米能级平齐，如图 6-17b 所示。相较单纯 ZnO 的费米能级而言，此时 ZnO 的费米能级上移，与电解液中氧化还原对的能级位置之差更大，因此导致了 ZnONS/CdS 光阳极相对于 SCE 参比电极的 V_{roc} 比 ZnONS 光阳极的 V_{roc} 增大，由 ZnONS 的 0.79V 增大到

ZnONS/CdS(9c) 的 1.11V。对于光阳极 ZnO/CdSe，费米能级重新排布是同样的原理。因为 CdS 的导带位置比 CdSe 导带位置更负，所以重新排列后 ZnONS/CdSe 光阳极相对于 SCE 参比电极的 V_{roc} 虽然大于单纯 ZnONS 光阳极的 V_{roc}，却小于 ZnONS/CdS 光阳极，其中 ZnONS/CdSe(7c) 光阳极的 V_{roc} 增加到 0.86V。

对于 CdS/CdSe 共敏化所得样品 ZnONS/CdS/CdSe 而言，CdS 的费米能级比 CdSe 的更负，当 CdS/CdSe 异质结形成时，电子由 CdS 流向 CdSe 直到达到新的平衡，因此 ZnONS/CdS(9c)/CdSe 复合体系的费米能级介于 ZnONS/CdS 和 ZnONS/CdSe 之间，如图 6-17b 所示。这与实验数据相一致，其中 ZnONS/CdS(9c)/CdSe(7c) 光阳极相对于 SCE 参比电极的 V_{roc} 为 1.0V，小于 ZnONS/CdS(9c) 光阳极的 1.11V，大于 ZnONS/CdSe(7c) 光阳极的 0.86V。

对于 CdS/CdSe 共敏化所得样品 ZnONS/CdS/CdSe 而言，当 CdSe 对 ZnONS/CdS 进行敏化时，CdS 与 CdSe 相接触，两者之间会有新的能级排布，如图 6-17b 所示，费米能级重新排列导致 CdS 的能带下移，而 CdSe 的能带上移，在 ZnO、CdS 和 CdSe 之间形成了一个典型的 type-II 阶梯状能带结构。在光照情况下，ZnO、CdS 和 CdSe 价带上的电子吸收光子后跃迁到导带上，使得在价带和导带上形成一个空穴电子对。在异质结 ZnO/CdS 和 CdS/CdSe 的空间电荷区的作用下，电子由 CdSe 的导带传输到 CdS 的导带，继而由 CdS 的导带传输到 ZnO 的导带上，最后通过二维 ZnO 纳米片传输到电子收集层。同时，空穴由 ZnO 的价带传输到 CdS 的价带再到 CdSe 的价带上，接着，传输到 CdSe 价带上的空穴在 CdSe 与溶液的固液结处被溶液中的还原离子（S^{2-}）所消耗。这样，就实现了空穴电子对的有效分离和传输。从而，提高了光阳极的光电化学性能。

6.5　本章小结

本章采用 SILAR 方法分别制备出 CdS 量子点和 CdSe 量子点单独敏化的 ZnONS/CdS(n) 和 ZnONS/CdSe(n) 电极，以及 CdSe/CdS 量子点共敏化的 ZnONS/CdS(9c)/CdSe(n) 电极。对复合薄膜进行了形貌和结构的表征，对这些电极的光吸收特性以及三电极体系下的光

电化学性质进行了研究。主要结论如下:

(1) 样品 ZnONS/CdS(n) 上的 CdS 颗粒随着 CdS 沉积次数的增加而逐渐长大,在沉积次数小于 9 时,所得 CdS 纳米颗粒为量子点,其尺寸在 3~6nm 范围内。CdS 沉积拓展了光阳极的光吸收范围,由紫外光区拓展到了可见光区 (320~530nm)。随着 CdS 沉积次数的增加,ZnONS/CdS(n) 电极的光吸收边位置逐渐发生红移,并趋近于 CdS 体材料吸收边的位置,这归因于量子点的长大。随着 CdS 沉积次数的增加,ZnONS/CdS(n) 电极相对于 SCE 参比电极为 0V 时的光电流密度呈现先增加后减小的规律。在 CdS 的沉积次数为 9 时,ZnONS/CdS($9c$) 电极的光电流密度达到最佳值,为 2.12mA/cm²。

(2) 在 ZnONS 阵列薄膜表面沉积生长出了 CdSe 量子点。CdSe 沉积拓展了光阳极 ZnONS/CdSe(n) 的光吸收范围,由紫外光区 (320~400nm) 拓展到了可见光区 (320~750nm)。随着 CdSe 沉积次数的增加,ZnONS/CdSe(n) 电极相对于 SCE 参比电极为 0V 时的光电流密度呈现先增加后减小的规律。在 CdSe 的循环次数为 7 时,ZnONS/CdSe($7c$) 电极的光电流密度达到最佳值,为 3.1mA/cm²。

(3) 将 CdSe 量子点沉积生长到 ZnONS/CdS($9c$) 复合薄膜上,以 CdS 量子点和 CdSe 量子点分居内外的方式实现了对 ZnO 纳米片阵列薄膜的共敏化。共敏化使光阳极 ZnONS/CdS($9c$)/CdSe(n) 的光吸收范围由紫外光区拓展到可见光区,为 320~735nm。随着 CdSe 沉积循环次数的增加,ZnONS/CdS(9)/CdSe(n) 电极相对于 SCE 参比电极为 0V 时的光电流密度呈现先增加后减小的规律。其中,ZnONS/CdS($9c$)/CdSe($7c$) 电极的光电流密度达到最高值,为 4.42mA/cm²。CdSe/CdS 量子点共敏化的 ZnO 纳米片阵列薄膜的光电性能明显优于单独 CdS 或者 CdSe 量子点敏化的 ZnO 纳米片阵列薄膜。其光电性能的提高主要归因于共敏化样品光吸收性能的改善和 ZnONS/CdS/CdSe 复合电极阶梯式异质结构对空穴电子分离效率的有效提高。

(4) 对于 ZnONS、ZnONS/CdS(9)、ZnONS/CdSe($7c$) 和 ZnONS/CdS(9)/CdSe($7c$) 四种光阳极 V_{roc} 的变化,提出了费米能级重排模型。单纯 ZnONS 薄膜的 V_{roc} 为 0.79V,而 ZnONS/CdSe($7c$) 和 ZnONS/CdS($9c$) 光阳极的 V_{roc} 都明显增大,分别为 0.86V 和 1.11V,

这是因为 CdS 与 CdSe 的费米能级高于 ZnO 的费米能级。ZnONS/CdS (9c)/CdSe(7c) 的 V_{roc} 为 1.0V，介于 ZnONS/CdSe 和 ZnONS/CdS 之间，这归因于 CdS 半导体的固有费米能级高于 CdSe 的固有费米能级。

参 考 文 献

[1] Schaller R D, Klimov V I. High efficiency carrier multiplication in PbSe nanocrystals: implications for solar energy conversion [J]. Physical Review Letters, 2004, 92: 186601.

[2] Gao X F, Sun W T, Ai G, et al. Photoelectric performance of TiO_2 nanotube array photoelectrodes cosensitized with CdS/CdSe quantum dots [J]. Applied Physics Letters, 2010, 96: 153104.

7 片状 In_2S_3 薄膜的制备及其光电化学性质

7.1 引言

In_2S_3 是一种非常有潜力的光电材料,由于其特殊的光电特性和荧光性能引起了人们极大的兴趣。目前,它已经作为绿色和红色发光材料用于制造彩色电视机的显像管和太阳能电池,特别是其在 CIGS 薄膜太阳能电池中的应用更是人们关注的热门话题。作为缓冲层材料,In_2S_3 在保证了电池光电转换效率的同时解决了 Cd 带来的环境污染问题,据报道,用 β-In_2S_3 作为缓冲层的太阳能电池的光电转换效率达到 16.4%,非常接近 CdS 作为缓冲层的 CIGS 电池的效率。但是在太阳能电池的开发和研制中,光电转换效率的不断提高是人们始终不变的追求,这就要求我们在保护环境的同时寻求更加有效的制备方法。目前,In_2S_3 薄膜的制备方法有很多,气相法包括有机金属化学气相沉积法、喷雾热解法、蒸发法等,这些方法获得的 In_2S_3 薄膜的质量很高,但技术复杂,成本昂贵,不适合做大规模生产。液相法以水浴法居多,但这种方法得到的薄膜往往存在质量较差、成分不纯和附着力不好等问题,通常需要高温硫化等后期处理过程。

水热合成法通常在特制的密闭容器(高压反应釜)中进行,采用无毒的水溶液作为反应体系,将其加热至临界温度(或接近临界温度),使之产生一个高温高压的反应环境而进行材料合成与制备。水热过程制备出的纳米微粒具有纯度高、晶型好、单分散、形状以及大小可控等优点。同时,由于反应在密闭的高压釜中进行,有效地避免了反应中生成的有毒气体的逸出。通过观察文献,我们发现目前水热合成法可以用来制备 In_2S_3 粉体,且反应产物具有结晶性好、物相单一和形貌奇特等特点,而且往往因为这些颗粒处于纳米尺度而具有特殊的性质。我们知道,纳米微粒处于分子向体材料过渡的中间状态，其特殊的结构层次使其具有不同于体材和单个分子的特殊性质，当微粒的尺寸接近或小于其波尔半径时，费米能级附近的电子能级会由准连续能级变为分立的能级，我们把这种现象称为量子尺寸效应。相对于其他材料而言，In_2S_3 的波尔半径很大，约为 38nm，所以它的纳米粒子很容易产生量子尺寸效应，同时展现出特殊的光学和光电化学性质。在这一章中，我们将通过水热合成法在透明导电玻璃 FTO 上制得 In_2S_3 纳米颗粒组装而成的薄膜，以使其结晶性好、成分单一、附着力强，并研究其特殊的光学性能和光电化学特性。在透明导电玻璃上直接制备 In_2S_3 薄膜，有利于上基底型太阳能电池的开发和研究。另外，我们还将初步探讨 In_2S_3 薄膜的热稳定性及其转变为 In_2O_3 薄膜后的形貌及光学性质。

7.2 实验过程

7.2.1 实验试剂

实验所使用的试剂均直接使用而没有经过进一步的纯化，主要试剂如下：

(1) 氯化铟（$InCl_3 \cdot 4H_2O$，北京国药集团化学试剂有限公司）；

(2) L-半胱氨酸（L-cystine，上海惠世生化试剂有限公司）；

(3) 硫代硫酸钠（$Na_2S_2O_3$，天津市光复科技发展有限公司）；

(4) 硫脲（Tu，北京化工厂）；

(5) 酒石酸（tartaric acid，汕头市西陇化工厂有限公司）；

(6) 钛酸丁酯（天津市光复精细化工研究所）；

(7) 硫化钠（$Na_2S \cdot 9H_2O$，西陇化工股份有限公司）；

(8) 亚硫酸钠（Na_2SO_3，北京化工厂）；

(9) 盐酸（HCl，北京化工厂）；

(10) 乙醇（CH_3CH_2OH，北京化工厂）；

(11) 丙酮（CH_3COCH_3，北京化工厂）；

(12) 二氧化锡透明导电玻璃（$F:SnO_2$，FTO，$20\Omega/cm$，武汉格奥科教仪器有限公司）。

实验和表征所使用的设备和仪器主要有：

（1）精密电子天平（PL-203 型，Mettler-Toledo-Group）；

（2）双向磁力搅拌器（JJ-1 型，常州国华仪器厂）；

（3）超声波清洗器（SB-5200D 型，宁波新芝生物科技股份有限公司）；

（4）高压反应釜（容积为 22mL 和 50mL 两种，内胆为聚四氟乙烯材质，外壳为不锈钢材质）；

（5）电热真空干燥箱（ZKF035 型，上海实验仪器有限公司）；

（6）X 射线衍射仪（BrukerD8 型，德国布鲁克公司）；

（7）冷场发射电子显微镜（JEOL-6700F 型，日本 JEOL 公司）；

（8）紫外分光光度计（Shimadzu UV-3150 型，日本岛津公司）；

（9）激光功率计（BG26M92C 型，中西集团）；

（10）电化学分析仪（CHI 601C 型，上海辰华仪器有限公司）；

（11）氙灯（球形高压短弧氙灯，常州玉宇电光器件有限公司）。

7.2.2 片状 In_2S_3 薄膜的制备

首先将实验采用的 FTO 基片裁切成 4cm × 1.5cm 大小，为了去掉其表面的杂质和水分，依次使用丙酮、乙醇和蒸馏水各超声清洗 30 分钟，最后用氮气（N_2）吹干备用。

薄膜的制备采用的是水热合成法，具体步骤如下：首先按照 In_2S_3 的化学计量比来配置反应溶液。在 22mL 的反应釜中放入 15mL 的蒸馏水，再依次将 0.01mol/L 的 $InCl_3 \cdot 4H_2O$ 和 0.015mol/L 的 L-cystine 放入其中，磁力搅拌使之完全溶解，溶液变为澄清，最后将 FTO 基片放入到反应溶液当中，并使导电面倾斜向下。将反应釜密封，放入到电热真空干燥箱中，在 160℃ 的条件下加热 12h 后自然冷却到室温。反应结束后将样品取出，用蒸馏水彻底清洗，置于空气中干燥。

7.3 结果与讨论

In_2S_3 薄膜的结构、组成元素和成分比例通过 X 射线衍射仪（XRD），X 射线能谱仪（EDX）来表征。XRD 测试使用铜靶 K_α 线（$\lambda = 0.1548nm$），管电压和管电流分别为 40kV 和 30mA，扫描速度为 6°/min；样品的形貌和厚度通过冷场发射电子显微镜（SEM）来观察。薄膜的光学特性采用紫外 - 可见光分光光度计（UV）来分析，由于我们制备的薄膜不透明，所以主要借助光度计及其附属装置积分球来测试薄膜的漫反射谱，进而分析其光吸收特性。薄膜的光电化学特性分析在上海辰华电化学分析仪的三电极体系中进行，光源为球形氙灯，光强度为 $100mW/cm^2$，测试内容包括线性扫描伏安曲线和时间 - 电流曲线。

7.3.1 XRD 和 EDX 谱分析

图 7-1a 为在 160℃ 反应 12h 得到样品的 XRD 图谱。从图中可以看出，除去来自基片 FTO 的衍射峰，其余的所有位于 2θ 值分别是 14.23°，23.34°，27.44°，28.67°，33.24°，43.63°，47.72°，55.93° 和 59.39° 的衍射峰，与标准 JCPDS 卡片 03-065-0459 对应得很好，峰位分别对应于立方相 In_2S_3 的（111），（220），（311），（222），（400），（511），（440），（533）和（444）晶面。衍射峰峰型尖锐，且没有观察到多余的衍射峰，说明所制备的样品为结晶性良好的纯立方结构的 In_2S_3 薄膜。

图 7-1b 为相应样品的 EDX 图谱。图中出现三种元素，分别为硫（S）、铟（In）、锡（Sn），其中 Sn 元素来自基片 FTO（SnO_2 : F）。测试结果给出的成分比例显示 In 元素和 S 元素的原子个数比为 35% : 57%，接近 In_2S_3 的化学计量比，进一步说明通过水热合成法得到的样品是符合化学计量比的 In_2S_3 薄膜。

7.3.2 FESEM 分析

7.3.2.1 反应时间对形貌的影响

图 7-2 为在 FTO 基底上沉积不同时间的 In_2S_3 薄膜的 FESEM 图。溶液中 $InCl_3 \cdot 4H_2O$ 的浓度为 0.01mol/L，L-cystine 的浓度为 0.015mol/L，反应温度为 160℃。图 7-2a，b，c，d 分别为反应进行 2h，6h，12h 和 24h 所得到的样品的形貌。从图 7-2a_1，a_2 中可以看出，当反应进行了 2h 时，基片上即已经生长了一层由大量纳米片所构成的薄膜，这些纳米片基本上与基底呈垂直生长，其厚度约为

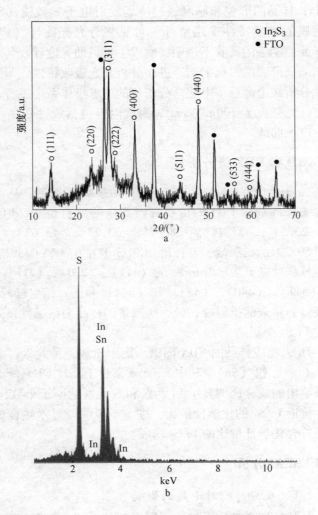

图 7-1 160℃ 条件下生长 12h 的 In₂S₃ 薄膜的
XRD 谱（a）和 EDX 谱（b）

20nm，略有弯曲且彼此之间互相连接形成网状结构。从截面图图 7-2a₃ 中可以看出薄膜是生长在 FTO 基底上的，且厚度均匀，约为 200nm。随着反应时间延长到 6h，纳米片得到了生长，尺寸增大，片

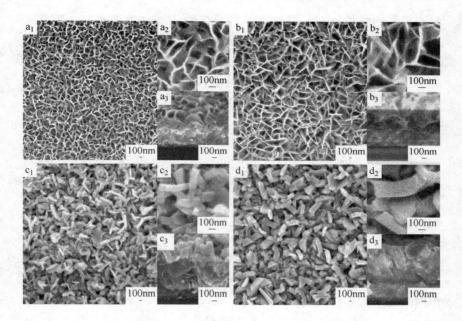

图 7-2　不同生长时间得到的 In_2S_3 薄膜的 FESEM 图

a_1，a_2，a_3—3h；b_1，b_2，b_3—6h；c_1，c_2，c_3—12h；d_1，d_2，d_3—24h

的厚度增加到了 30nm，它们之间互相交错的网状结构更加明显。从横截面图上来看，薄膜底部连接形成一个整体，上部的纳米片都近似地垂直于基底表面，整个薄膜的厚度增加到了 500nm。当反应继续增加到 12h 时，薄膜得到进一步生长，纳米片的厚度达到 100nm，整个薄膜的厚度增加到了 1μm。当继续增加反应时间到 24h 时，薄片的厚度已经增加到 200nm，但是整个薄膜的厚度却减少到了 850nm。可以看出，随着反应时间的延长，In_2S_3 纳米片在纵向和横向都得到了生长，而且在反应的整个过程中所获得的样品中，纳米片都是连续地分布在基底上，而并非是分立的颗粒，满足薄膜太阳能电池材料的要求，而且可以通过控制反应时间来调控其所需的厚度。

　　通过观察以上随反应时间延长薄膜形貌的变化，我们认为薄膜的形成过程可能是这样的：首先，由于 L-cystine 分子中的羧基（—COOH）、氨基（—NH_2）和巯基（—SH）等官能团与金属阳离子具有很强的配位倾向，所以在两种反应物添加到溶液中时，铟离子（In^{3+}）就会与 L-cystine 发生反应形成配合物 $[In(L\text{-}cysteine)_n]^{3+}$。在高温高压条件下，配合物发生水解释放 In^{3+} 和 S^{2-} 形成 In_2S_3 单体，继而吸附在 FTO 基底上成为生长核心，随着反应的进行，这些基底上的颗粒发生取向生长形成 In_2S_3 纳米片。

其反应方程式如下：

$$2In^{3+} + 3S^{2-} \rightleftharpoons In_2S_3$$

按照 Van der Drift 提出的 Evolution Selection 模型，反应的初始阶段，子晶在基底表面随机形核，随即这些形核的晶粒竞争生长。随着薄膜逐渐变厚，越来越多的晶粒被其周围的晶粒掩埋，只有那些生长最快且与基底表面垂直的晶粒能够存活下来[1,2]。在我们实验中，薄膜的纵向生长较快，所以最终得到的是垂直于 FTO 基底的片状 In_2S_3 薄膜。且在反应过程中，L-cystine 和 In^{3+} 的相互作用减缓了 In^{3+} 和 S^{2-} 的释放，有效控制了 In_2S_3 单体的形成，使得最终在 FTO 基片上形成的薄膜致密而均匀。

另外，在反应体系中，存在着两种反应的竞争：一种是 In_2S_3 薄片的生长，另一种是薄片的溶解。在反应的初始阶段，由于溶液当中存在大量的反应物离子和活跃的 In_2S_3 颗粒，体系中以薄膜的生长为主，薄片的厚度和整个薄膜的厚度随着反应时间的延长不断长大。但是当反应进行到了一定的程度，溶液中的反应物耗尽，体系中开始以薄膜的溶解为主，此时，薄片的边缘为高能面是不稳定的，会首先发生溶解，最终导致整个 In_2S_3 薄膜的厚度减小。

7.3.2.2　反应温度对形貌的影响

对于薄膜生长来说，温度是一个影响形貌的重要因素。图 7-3 给出了当溶液中 $InCl_3 \cdot 4H_2O$ 的浓度为 0.01mol/L，L-cystine 的浓度为 0.015mol/L，反应时间为 12h，反应温度分别为 120℃，140℃ 和 180℃ 所得到的 In_2S_3 薄膜的形貌。

从图中可以看出，120℃ 时，薄膜的形貌近似于蜂窝状，薄片的厚度很薄，只有 10nm 左右。140℃ 时，仍然为蜂窝状，薄片的厚度增加到约 20nm。当增加温度到 180℃ 时，薄片的厚度显著增加，最厚可达 180nm。另外，当实验在 100℃ 的温度下进行时，没有薄膜形

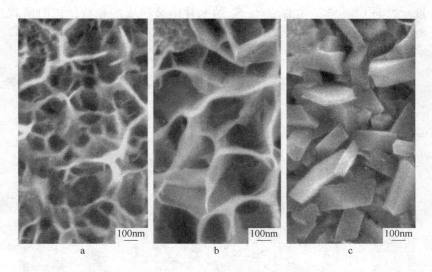

图 7-3　不同温度得到的 In_2S_3 薄膜的 FESEM 图

a—120℃；b—140℃；c—180℃

成，且反应容器的底部也没有粉末生成。上面的实验结果说明通过改变反应温度可以很好地控制构成薄膜的薄片的厚度。这是因为，温度对 In_2S_3 单体的释放和离子的扩散速度起到至关重要的作用。在 100℃ 的条件下，L-cystine 与 In^{3+} 构成的配合物没有发生水解，所以在 FTO 基片的表面没有 In_2S_3 单体的形成和生长。120℃ 时虽然反应可以发生，但水解速度较慢，薄片的厚度较薄。140℃ 与 160℃ 时薄片的厚度比较容易分辨，但是，过高的反应温度（180℃）则会导致瞬间成核和快速生长，生成薄片的厚度不均一。

7.3.2.3　反应物浓度比例对形貌的影响

我们考察了不同浓度的 L-cystine 对薄膜形貌的影响。保持反应温度为 160℃，反应时间为 12h，$InCl_3 \cdot 4H_2O$ 的浓度为 0.01mol/L，改变 L-cystine 的浓度，使 S、In 两种反应源的浓度比例分别为 3∶4，3∶1 和 6∶1。从图 7-4 中可以看出随着 L-cystine 比例的增大，薄片的厚度减小。这是由于体系中大量的 L-cystine 会增强对 In^{3+} 的配合作用，使 In_2S_3 单体释放的速度减慢，进而减慢了整个薄片的生长速度。这与 Chen 等[3] 在制备 In_2S_3 纳米片组装而成的花状结构时所观察到的现象是类似的。

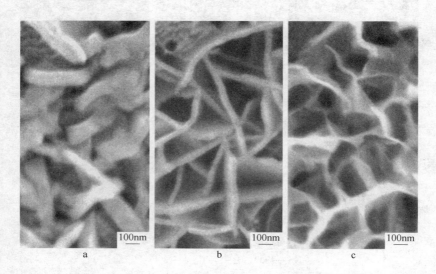

图 7-4   L-cystine 和 $InCl_3 \cdot 4H_2O$ 不同浓度比例对 In_2S_3 薄膜形貌的影响

a—3 : 4; b—3 : 1; c—6 : 1

7.3.3 In_2S_3 薄膜的光学特性分析

由于实验所制得的 In_2S_3 薄膜为非透明膜,所以借助分光光度计的积分球设备来测试样品的漫反射谱,进而利用公式 $F(R) = k/s = (1 - R)^2/2R$ 来推算样品的光吸收性能,其中 k 和 s 分别为光吸收系数和散射系数,R 为反射率,$F(R)$ 为光吸收能力。

图 7-5a 为溶液中 $InCl_3 \cdot 4H_2O$ 的浓度为 $0.01mol/L$,L-cystine 的浓度为 $0.015mol/L$,反应温度为 $160℃$,反应进行 2h、6h、12h 和 24h 所得到的样品的紫外 – 可见光吸收光谱(纵轴即为 $F(R)$)。从图中可以看出,随反应时间的延长,薄膜的光吸收逐渐增强和变宽。当反应时间为 2h 时,样品在 350nm 出现了较强的吸收。6h、12h 和 24h 的样品在 320 ~ 600nm 范围内都存在着光吸收,6h 的峰位中心位于 370 ~ 440nm,12h 和 24h 峰位中心位于 370 ~ 500nm。如此之宽的

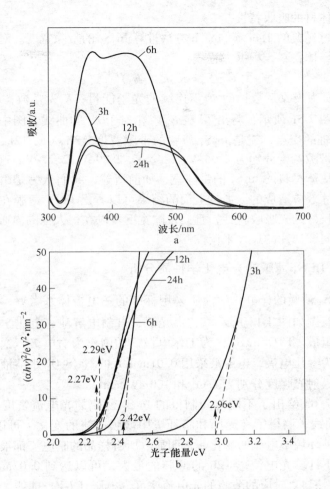

图 7-5 不同反应时间制备的 In_2S_3 薄膜的紫外 – 可见光吸收
光谱（a）和带隙曲线（b）

吸收范围可能是由样品中薄片的尺度分布大造成的。相比于块体材料在 620nm 的吸收峰而言，样品的吸收边都发生了蓝移。这是因为，In_2S_3 的激子波尔半径约为 34nm，2h 和 6h 样品中薄片厚度都小于或接近这个值，所以表现出明显的量子尺寸效应，而 12h 和 24h 的样品中大多数薄片的厚度增大（大于 100nm），只有很少部分没有长大，遂接近体材的吸收特性。

通过经典的 Tauc approach 方法推算 In$_2$S$_3$ 的带隙宽度。对于直接带隙半导体材料，根据方程式：

$$\alpha E_p = K(E_p - E_g)^{1/2}$$

式中，α 为吸收系数；E_p 为不连续的光子能量；K 为常数；E_g 为带隙。如图 7-5b 所示，得出了 $(\alpha E_p)^2$ 相对于 E_p 的曲线。图中线性部分与 X 轴的交点，就是 In$_2$S$_3$ 薄膜的带隙宽度。3h，6h，12h，24h 的样品的带隙宽度分别为 2.96eV，2.42eV，2.29eV，2.27eV。这些数值都要比块体材料的 In$_2$S$_3$ 的带隙宽，如前所述，我们认为是由样品的量子尺寸效应造成的。通过上面的结果可以看出 In$_2$S$_3$ 薄膜在可见光区具有较好的光吸收特性，且其带隙宽度可以在很大范围内通过改变反应时间即薄片的尺寸来调控。

7.3.4   In$_2$S$_3$ 薄膜的光电化学性质分析

In$_2$S$_3$ 薄膜的光电化学性质采用标准的三电极体系考察，体系的装置示意图如图 4-13 所示。它由光源、自制电解池、电化学分析仪和电脑组成。FTO/In$_2$S$_3$ 作为工作电极，铂网作为对电极，饱和甘汞电极作为参比电极，电解液采用 0.01mol/L 的 Na$_2$S$_2$O$_3$ 水溶液，光照面积和入射光强度分别为 1cm^2 和 100mW/cm^2。

图 7-6a 给出了不同时间制得的 In$_2$S$_3$ 薄膜的光电流密度 – 时间（J-t）曲线，测得了在光照和暗环境中薄膜电流的变化。可以看出，亮暗两种环境中电流的变化非常明显。所有样品的暗电流都很小，可以忽略不计。光电流以 12h 的薄膜的最大，可以达到 0.07mA/cm^2，图 7-6b 是与之对应的薄膜的光电流密度 – 电压（J-V）曲线，短路电流密度的大小与 J-t 曲线的测试结果是一致的。

为了更简便地比较样品的光电特性，在图 7-7 中将光电转换效率关于电压的函数曲线展现出来，可以看到以 6h 的薄膜为光阳极的光化学电池的转换效率最高，约为 0.01%。我们知道，对于太阳能电池而言，短路电流、开路电压和填充因子是影响其转换效率的最重要的参数，其数值如表 7-1 所示。比较来看，12h 和 6h 制得的样品的开路电压相差不大，虽然 12h 制得的薄膜的短路电流最高，但其填充因

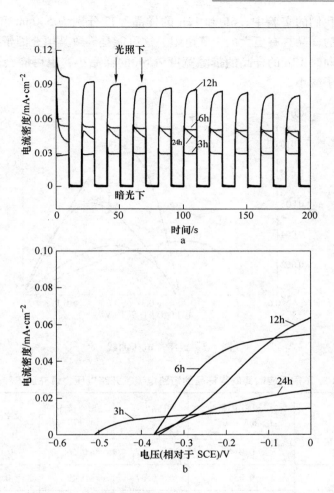

图 7-6 不同反应时间制备的 In_2S_3 薄膜的光电特性

a—J-t 曲线；b—J-V 曲线

子较小，综合起来的结果是光电转换效率较小。研究表明，填充因子主要取决于串联电阻、旁路电阻及 PN 结特性，此外还会受到周围温度的影响。串联电阻变大，旁路电阻变小，或者 PN 结中出现缺陷与杂质等不良情况时，都会使填充因子变小。另外，填充因子随半导体材料的带隙宽度的增大而增大。串联电阻主要与电池材料的内阻有关, 在我们的实验中, 6h 和 12h 的样品厚度分别为 500nm 和 1μm, 即 12h 的样品具有更大的串联电阻, 这可能是导致其填充因子减小的原因。同时 12h 的样品的带隙宽度较 6h 的样品小, 也可能会造成其填充因子减小。

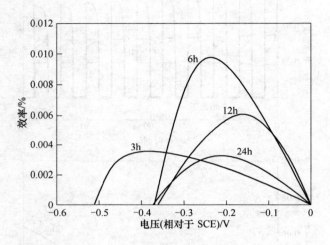

图 7-7   效率 - 电压曲线

表 7-1   不同反应时间制得样品的短路电流、开路电压、填充因子和效率

反应时间/h	短路电流 J_{sc}/mA · cm^{-2}	开路电压 V_{oc}/V	填充因子 FF	效率 η/%
3	0.014	-0.51	0.56	0.004
6	0.055	-0.37	0.49	0.01
12	0.065	-0.37	0.25	0.006
24	0.024	-0.36	0.35	0.003

7.4   In₂S₃ 薄膜向 In₂O₃ 薄膜的转化

In₂O₃ 是另外一种非常重要的 n 型半导体化合物, 它的带隙宽度较宽在 3.55 ~ 3.75eV 之间, 粉末形态的 In₂O₃ 通常呈现黄偏灰

色，薄膜形态的 In_2O_3 具有高可见光区域的透过率和导电性。而且可以通过掺杂不同的元素，如铁（Fe）、锡（Sn）、锌（Zn）、锰（Mn）等改变它的带边吸收，从而获得具有不同光学和电学性能的新材料。由于其众多特性，目前它可以应用在透明导体、窗口加热器、紫外可见激光器、太阳能电池、气敏传感器和光催化等领域[4~6]。制备 In_2O_3 薄膜的方法也有很多，一般包括化学水浴沉积法、溶胶凝胶法、化学气相沉积法和磁控溅射法等[7~9]。在本论文中，采用将 In_2S_3 薄膜氧化的方法来获得 In_2O_3 薄膜，由于其中 In_2S_3 薄片的厚度在纳米尺度范围，所以期待这种形貌的 In_2O_3 薄膜具有新颖的性质。

把反应温度为 160℃，反应时间为 12h 的 In_2S_3 薄膜在 500℃退火 2h 后即得到 In_2O_3 薄膜。通过 SEM 观察（图 7-8），In_2O_3 薄膜仍旧保持着薄片的形貌。EDX 表明薄膜的组成元素为 In 和 O，而没有 S 元素存在。XRD 图谱进一步证实得到的薄膜为立方相的 In_2O_3。说明此时薄膜已完全转化为 In_2O_3。其反应方程式为：

$$2In_2S_3 + 3O_2 \longrightarrow 2In_2O_3 + 6S$$

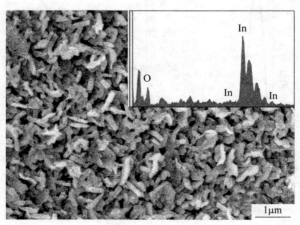

a

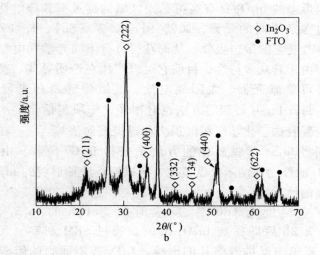

图 7-8 将 In₂S₃ 在 500℃退火 3h 得到的 In₂O₃ 薄膜

a—In₂O₃ 的扫描电镜图及能谱；b—In₂O₃ 薄膜的 XRD 谱

此外，我们还考察了 In₂O₃ 薄膜的光学性质。图 7-9 为 In₂O₃ 薄

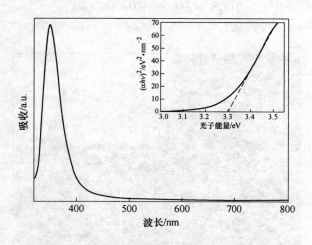

图 7-9 In₂O₃ 薄膜的紫外－可见光吸收光谱

（右上角为带隙曲线）

膜的紫外-可见光吸收谱，在380nm附近出现了较强的吸收。右上角的插图为相应的 $(\alpha E_p)^2$ 相对于 E_p 的曲线，可以推算出其带隙宽度为3.3eV，与文献中报道的结果近似。薄膜的吸收边没有发生蓝移，这是因为薄片的厚度远远大于 In_2O_3 的激子波尔半径（2.14nm）。

7.5 本章小结

本章中，采用水热合成法制备了由 In_2S_3 薄片组装而成的薄膜，通过控制反应条件来调节薄片的厚度和整个薄膜的厚度，并依据反应结果讨论了薄膜生长过程，研究了其光学性质和光电化学性质，主要结论如下：

（1）可以通过水热合成法在FTO基底上制备结晶性良好且纯相 In_2S_3 薄膜。

（2）在反应2h时就已经得到由薄片构成的蜂窝网状结构薄膜，均匀而又致密，薄片在垂直于基底FTO的方向上取向生长。随着反应时间延长，薄片厚度和薄膜厚度均增加。可以通过控制反应时间制得所需厚度的薄膜。

（3）反应温度和反应物浓度的比例是影响形貌的重要因素，当反应温度为120℃时，薄膜开始形成。随着反应温度的增加，薄片的厚度增大，随着S源和In源浓度比例的增大，薄片的厚度减小。

（4）较短反应时间（3h，6h）制备的 In_2S_3 薄膜的紫外-可见光吸收性质表现出明显的量子尺寸效应，较长反应时间（12h，24h）制备的薄膜光吸收性质则与体材接近。薄膜带隙宽度可以在2.27~2.96eV之间调控。

（5）以FTO/In_2S_3 作为光阳极的光化学电池表现出良好的光响应行为，12h得到的样品的短路电流密度最大，约为0.07mA/cm^2，但光电转换效率以6h制得的样品最大，为0.01%。

（6）将 In_2S_3 在空气中退火处理可以得到 In_2O_3 薄膜，它保持了 In_2S_3 薄膜的形貌，其带隙宽度为3.3eV。

参 考 文 献

[1] 陈招科, 熊翔, 李国栋, 等. 化学气相沉积 TaC 涂层的微观形貌及晶粒择优生长 [J]. 中国有色金属学报, 2008, 18 (8): 1377~1382.

[2] Peng Shengjie, Zhu Peining, Thavasi Velmurugan, et al. Facile solution deposition of ZnIn$_2$S$_4$ nanosheet films on FTO substrates for photoelectric application [J]. Nanoscale, 2011, 3: 2602~2608.

[3] Chen Liyong, Zhang Zude, Wang Weizhi. Self-assembled porous 3d flowerlike β-In$_2$S$_3$ structures: synthesis, characterization, and optical properties [J]. The Journal of Physical Chemistry C, 2008, 112: 4117~4123.

[4] Liu Jinyun, Luo Tao, Meng Fanli, et al. Porous hierarchical In$_2$O$_3$ micro-/nanostructures: preparation, formation mechanism, and their application in gas sensors for noxious volatile organic compound detection [J]. The Journal of Physical Chemistry C, 2010, 114: 4887~4894.

[5] Zhong Miao, Zheng Maojun, Zeng Ansheng, et al. Direct integration of vertical In$_2$O$_3$ nanowire arrays, nanosheet chains, and photoinduced reversible switching of wettability [J]. Applied Physics Letters, 2008, 92: 093118.

[6] Zheng M J, Zhang L D, Li G H, et al. Ordered indium-oxide nanowire arrays and their photoluminescence properties [J]. Applied Physics Letters, 2001, 79: 839~841.

[7] Yan Youguo, Zhang Ye, Zeng Haibo, et al. Tunable synthesis of In$_2$O$_3$ nanowires, nanoarrows and nanorods [J]. Nanotechology, 2007, 18: 175601.

[8] Kelvin H. L. Zhang, Aron Walsh, C. Richard A. Catlow, et al. Surface energies control the self-organization of oriented In$_2$O$_3$ nanostructures on cubic zirconia [J]. Nano letters, 2010, 10, 3740~3746.

[9] Zhang Liu Xing, Zhang Yong Cai, Zhang Ming. Facile routes to In$_2$S$_3$ and In$_2$O$_3$ hierarchical nanostructures [J]. Materials Chemistry and Physics, 2009, 118: 223~228.

8　楔形 In_2S_3 薄膜的制备及其光电化学性质

8.1　引言

    科研工作者在对材料的性能深入研究时发现材料的性能与材料的组成、尺寸、表面结构、暴露的晶面等多种因素有关，特别是具有特定几何形貌的无机纳米晶体显示出了许多奇异的物理和化学性质，因而对纳米尺度的无机半导体材料形貌的控制和利用也成为材料科学研究的热点。人们期望能够找到一种新型纳米结构组装体系，以实现既不同于单个分子或单个纳米粒子，又区别于块体材料的新颖奇特的性质，换而言之，由具有一定规则几何外观的个体发生关联并集合在一起而形成的一个紧密的整体正在引起人们的研究兴趣。

    随着对材料性质认识的加深，对合成方法和工艺的不断探索和挖掘，人们已经在形貌和尺寸控制的研究中获得了相当可观的成果，对于某些特定的材料，如 TiO_2、ZnO、氧化亚铜（Cu_2O），人们已经在它们的形貌和尺寸生长环境等方面获取了丰富的经验，如王中林等详细研究了具有立方到菱方十二面体的 Cu_2O 纳米晶的生长过程及其光催化特性等。但是对于 In_2S_3 来说，人们对它的生长习性和形貌控制方面的认识还存在着很多不足，就其形貌控制方面来说，大多通过水热条件获得的都是类似的，多为薄片组装而成的花状球或中空球，这种形貌的 In_2S_3 具有较好的光催化性能，也可以用在锂电池中。

    众所周知，酒石酸是一种无毒的可以溶于水和乙醇的羧酸，在制镜工业中，可以作为重要的助剂和还原剂来控制银镜的形成速度，获得均匀的镀层。此外，研究表明酒石酸还能与碱金属离子等多种金属离子配合，在本实验中，正是借助酒石酸对 In 离子的配合作用来控制 In_2S_3 单体的生成速度，进而控制 In_2S_3 颗粒的生长速度。另外，酒石酸的酸性还能够有效地避免 In_2O_3 或 In（OH）$_3$ 等杂质的产生。

在本章中，我们对其生长条件进行了深入的研究，在引进酒石酸（TA）的条件下，通过水热合成法制备了楔形形貌的 In$_2$S$_3$ 组装而成薄膜，并研究了其光学和光电化学性质。

8.2 实验过程

楔形 In$_2$S$_3$ 薄膜的制备与片状薄片组成的薄膜的制备方法类似，都采用水热合成方法，以 FTO 作为基底，InCl$_3$·4H$_2$O 作为铟源。不同之处在于采用硫脲（Tu）作为硫源，并在反应中引入酒石酸。具体步骤为：在 50mL 的反应釜中放入 35mL 的蒸馏水，依次将 0.01mol/L 的 InCl$_3$·4H$_2$O 和 0.02mol/L 的酒石酸放入其中，搅拌溶液，继而将 0.06mol/L 的 Tu 加入到溶液中，磁力搅拌使之完全溶解，最后将 FTO 基片放入到反应溶液当中，并使导电面倾斜向下。将反应釜密封，放入到电热真空干燥箱中，在 160℃ 的条件下加热 12h 后自然冷却到室温。反应结束后将样品取出，用蒸馏水彻底清洗，置于空气中干燥。

8.3 结果与讨论

8.3.1 XRD 与 EDX 分析

所制得薄膜的结构通过 XRD 谱来表征。图 8-1 为在 FTO 基片上制备的薄膜的 XRD 图谱。从图中可以看出，衍射峰分为两组，一组为基底 FTO，另一组衍射峰位置为 14.23°，23.33°，27.44°，28.67°，33.25°，43.62°，47.71°，55.91° 和 59.4°，与标准 JCPDS 卡片 03-065-0459 的图谱很好地符合，衍射峰指标分别对应于立方结构 In$_2$S$_3$ 的（111），（220），（311），（222），（400），（511），（440），（533）和（444）晶面，没有观察到多余的衍射峰。

薄膜的组成元素和成分比例用 EDX 谱来表征。图 8-2 为样品的 EDX 谱图。可以看出样品中只含有 In 和 S 两种元素，两者的比例为 38.79：61.21，接近 In$_2$S$_3$ 的化学计量比，进一步说明得到的样品是符合化学计量比的纯立方相的 In$_2$S$_3$ 薄膜。

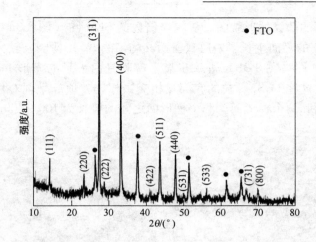

图 8-1 In₂S₃ 薄膜的 XRD 谱

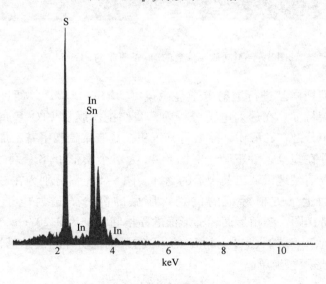

图 8-2 In₂S₃ 薄膜的 EDX 谱

8.3.2 FESEM 和 TEM 分析

通过 FESEM 来观察 In₂S₃ 薄膜的形貌。图 8-3a, b 分别为不同放大倍数下的薄膜的形貌图。从较小倍数的 SEM 图（图 8-3a）中可以看出 FTO 的表面生长了一层致密而又均匀的 In₂S₃ 薄膜。较大放大倍数的 SEM 图（图 8-3b）进一步显示薄膜是由大量的楔形 In₂S₃ 颗粒组成图，这些 In₂S₃ 颗粒的底部互相交错相连，顶部呈现对称的两个三角形面和两个梯形面。两个梯形面之间的棱长为 100~400nm。

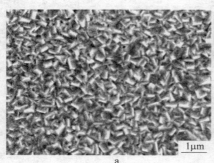

图 8-3　不同放大倍数的 In₂S₃ 薄膜的 FESEM 图

　　我们把样品进行透射电子显微镜（TEM）观察，以便进一步分析其形貌特征。在透射电镜分析前，我们把薄膜从 FTO 基底上刮下来，超声分散在乙醇中，然后将其沉积在具有聚醋酸甲基乙烯酯膜的铜网上并在室温条件下晾干。图 8-4a 为单个楔形 In₂S₃ 颗粒的 TEM 图，可以清楚地辨认出其楔形的轮廓。图 8-4b，c 分别为在三角形面和梯形面上（方框标记的位置）所做的高分辨透射电子显微镜（HRTEM）图，三角形面和梯形面的晶格间距都为 0.207nm，对应于立方结构 In₂S₃ 的（511）晶面。这一结果也说明样品的结晶性良好，In₂S₃ 楔形颗粒为单晶。

8.3.2.1　反应时间对形貌的影响

　　为了考察 In₂S₃ 在 FTO 基片的生长过程，对不同生长阶段的薄膜的形貌进行了 FESEM 分析。图 8-5 为经过不同生长时间（3h，6h，12h 和 24h）制得的样品俯视图及相应的横截面图。从图 8-5a 中可以看出，当反应进行 2h 后，在 FTO 表面就已经长满了直径为 50~

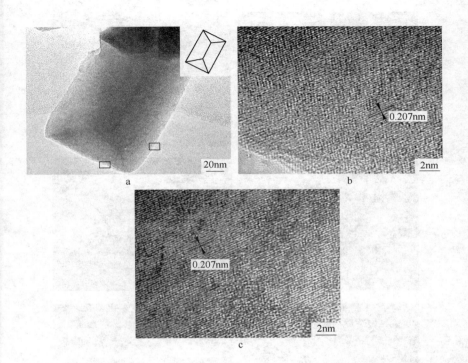

图 8-4 In$_2$S$_3$ 楔形颗粒的 TEM 图（a），在三角形面（b）和梯形面（c）
上所作的 HRTEM 图
（图 a 右上角为其几何形状示意图）

100nm 的 In$_2$S$_3$ 颗粒，横截面图 8-5b 显示整个薄膜的厚度也大约有 100nm，此时薄膜相当于单层颗粒膜。反应 6h 后（图 8-5c，d），薄膜由大量相互连接的有棱角的 In$_2$S$_3$ 颗粒组成，虽然棱角尚不分明，但从整体看来，晶面的形成和颗粒形貌的变化初见端倪，与此同时薄膜的厚度生长到了 200nm。随着反应时间延长到 12h，可以明显观察到相互连接的楔形的 In$_2$S$_3$ 颗粒组成的薄膜，每个楔形颗粒由两个三角形面和两个梯形面构成，这些颗粒与周围其他的颗粒相互贯穿而生长成为一体，整个薄膜宏观均一连续，其厚度达到了 600nm。继续延长反应时间至 18h 时，楔形的形貌更加显而易见，两个梯形面连接处的棱变得更加明显和锋利，特别是从横截面图来看，整个薄膜的厚度

图 8-5   不同反应时间制得 In$_2$S$_3$ 薄膜正面和横截面的 FESEM 图(标尺:100nm)
a, b—3h; c, d—6h; e, f—12h; g, h—18h

增加到了 1μm，且颗粒的纵向尺寸很大，中间没有出现明显的晶界，说明薄膜的结晶性良好。但是增大反应时间至 24h 时，薄膜与 FTO 基底之间的附着力变差，当使用蒸馏水冲洗时，薄膜从基片上脱落。

8.3.2.2 酒石酸对薄膜形貌的影响

在我们的实验中，酒石酸对薄膜的形成及其形貌控制都起到了至关重要的作用。当反应中没有添加或添加少量的酒石酸时，只在反应容器的底部生成了黄色的粉末，而没有在 FTO 基底上生长出 In_2S_3 薄膜。只有当酒石酸的浓度不小于 0.01mol/L 时，才可以制备出薄膜。图 8-6 为添加不同浓度的酒石酸，水热反应 12h 所得到的样品的 FESEM 图。当添加的酒石酸的浓度为 0.01mol/L 时，FTO 上可以生长由楔形 In_2S_3 组成的薄膜，当酒石酸的量增加到 0.04mol/L 时，楔

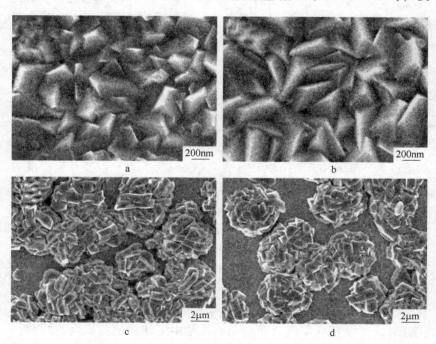

图 8-6　添加不同浓度的酒石酸所生成的 In_2S_3 薄膜的 FESEM 图

a—0.01mol/L; b—0.04mol/L; c—0.08mol/L; d—0.1mol/L

形形貌变得明显，两个三角形面变得狭长，梯形面之间的棱变得尖锐，薄膜的取向生长更加明显。当酒石酸的量增加到 0.08mol/L 时，FTO 基片上生成的则是稀疏而无规则的 In_2S_3 团聚体，继续增加酒石酸到 0.1mol/L，生成的团聚体变得更加分散，接近于球形。

8.3.2.3 反应物浓度比例对形貌的影响

In_2S_3 薄膜的形貌也可以通过调节反应物浓度的比例来控制。图 8-7 为保持 $InCl_3 \cdot 4H_2O$ 的浓度为 0.01mol/L 不变，改变 Tu 的浓度使两者比例分别为 1:1，1:2，1:4 和 1:8 时，薄膜的形貌的 SEM 图。当反应体系中 Tu 的量为 0.01mol/L 时（图 8-7a），薄膜由有许多小面的多级结构组成。增加 Tu 的浓度至 0.02mol/L 时，薄膜由相互连接的金字塔形颗粒组成（图 8-7b）。当 Tu 的量继续增加到 0.04mol/L 和 0.08mol/L 时（图 8-7c，d），薄膜与 0.06mol/L 时的形貌相似，都为楔状的结构组成。从总体来看，随着 Tu 的浓度增加，颗粒的取向生长变得明显。楔形 In_2S_3 颗粒犹如塔状颗粒的顶点在某一方向上的延伸而形成的。这可能是由于 Tu 浓度的增大会导致塔状 In_2S_3 会在某一特定方向上快速生长，从而导致楔形的形貌的形成。

8.3.2.4 反应温度对形貌的影响

保持反应时间为 12h，$InCl_3 \cdot 4H_2O$ 的浓度为 0.01mol/L，酒石酸的浓度为 0.02mol/L，Tu 的浓度为 0.06mol/L 不变，改变反应温度为 120℃，140℃，180℃和 200℃。当反应温度为 120℃，FTO 基底上没有薄膜生成，说明此温度下 In_2S_3 成核所需动力不足。当温度升高至 140℃，薄膜表面只有相对平整的球形颗粒，而没有楔形形貌的 In_2S_3 颗粒产生，如图 8-8a 所示。当温度增加至 180℃时，可以看到颗粒具有明显的边角，但与 160℃制得的样品比较，其形貌不规则，如图 8-8b 所示。一般说来，增大反应体系的浓度会加快 In_2S_3 成核和生长的速率，易造成无规则的团聚现象。当反应温度增加至 200℃时，薄膜很容易就会从 FTO 基底表面脱落，这是由于快速的反应会在短时间内消耗掉反应物离子，导致体系中以溶解占据主体，进一步造成了薄膜与基底之间的附着力变差。上述实验结果表明 160℃是楔形 In_2S_3 薄膜的最佳生长温度。

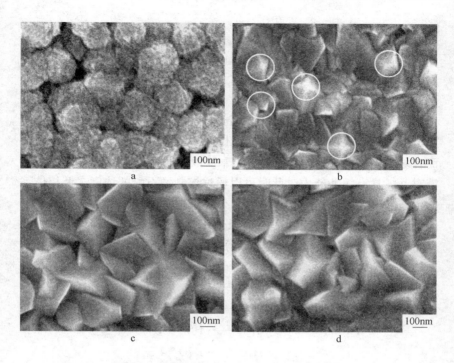

图 8-7 不同浓度的 Tu 制得的样品 FESEM 图

a—0.01mol/L；b—0.02mol/L；c—0.04mol/L；d—0.08mol/L

图 8-8 不同温度制得样品 FESEM 图

a—140℃；b—180℃

8.3.3   薄膜的形成机理分析

酒石酸可以作为一种有效的配位剂在反应中控制反应的速度，这是因为在水溶液中酒石酸分子中含有的羧基官能团（—COOH）能够有效地与金属离子配位。当酒石酸添加到 $InCl_3 \cdot 4H_2O$ 溶液中时，会与 In^{3+} 结合生成了铟的酒石酸配离子，并在水热条件下发生分解，释放出 In^{3+}，游离的 In^{3+} 与 Tu 释放出来的 S^{2-} 结合形成 In_2S_3 单体。换而言之，当加入适量的酒石酸时，In^{3+} 以配合物的形式储存起来，溶液对 In^{3+} 具有缓冲能力，此时可以通过控制酒石酸的浓度来调控体系的生长环境和薄膜的生长速度。另外，配位剂酒石酸的加入会造成溶液的酸性反应环境，硫脲在酸性条件下水解为硫化氢（H_2S），进而电离出硫离子 S^{2-}，与 In^{3+} 结合形成 In_2S_3 薄膜或沉淀，其反应方程式如下：

$$[In(tart.)]^{3+} \longrightarrow tart. + In^{3+}$$
$$NH_2CSNH_2 + 2H_2O \longrightarrow 2NH_3 + CO_2 + H_2S$$
$$H_2S \longrightarrow HS^- + H^+$$
$$HS^- + H_2O \longrightarrow H_3O^+ + S^{2-}$$
$$2IN^{3+} + 3S^{2-} \longrightarrow In_2S_3$$

当体系中没有酒石酸或是它的浓度过低时（小于 $0.01mol/L$），由于大量游离的 In^{3+} 存在于溶液当中，会导致在反应的瞬间生成大量的 In_2S_3 晶核及其后快速无序的生长，并最终由于重力的作用沉到反应容器的底部。添加适量的酒石酸会在一定范围内使溶液中 In^{3+} 的浓度接近恒定，有利于体系中的反应持续平稳地进行。如果酒石酸的浓度过大则会导致 In^{3+} 的释放变得艰难和缓慢，虽然酒石酸的浓度会增加硫脲的水解，即促进 S^{2-} 的生成，但是对 In_2S_3 的生成不会有明显的影响，这是因为在我们的实验中硫脲的使用本身就是过量的，反应进行一段时间后，体系中的 H_2S 达到饱和状态，S^{2-} 的浓度也相对稳定，所以增加酒石酸用量不会对 S^{2-} 的产生造成太大的影响。综合看来，酒石酸对 In^{3+} 的作用在体系中占据主要地位，当酒石酸的量过大时（$0.08mol/L$），会造成游离状态的 In^{3+} 减少，不充足的离子补给

只能导致 In_2S_3 成核较少，而不能在整个 FTO 表面均匀地成核和生长。继续增加其浓度至 0.1mol/L，In_2S_3 的成核数目更少，以其为中心小范围的生长现象变得更加明显。在我们的实验中，合适的酒石酸的添加量在 0.01 ~ 0.04mol/L 之间。

一般情况下，水溶液中的金属离子可以与 Tu 配合形成金属 - Tu 配合物。在我们的实验中，从酒石酸与铟的配合物中释放出来的游离态的 In^{3+} 将与 Tu 配合形成 $[In(Tu)_n]^{3+}$，继而在高温高压的条件下，配合物分解形成 In_2S_3 单体。结合前面对薄膜形貌随时间的进展的观察，我们猜测：在反应的初始阶段，首先在 FTO 基片上形成了小的 In_2S_3 颗粒，紧接着这些颗粒不断长大，并且相互连接最终形成均匀一体薄膜。酒石酸的添加使金属离子与硫的结合速率减慢，使得粒子可以按照它的晶体习性生长（铟硫比例为 1:2），并且在体系中硫脲的使用过量的条件下，在某一特定方向上的生长过快，最终成为楔形（铟硫比例为 1:4）。在晶体生长的过程中，始终伴随着大的粒子的长大和小的粒子的溶解，即体系中生长与溶解是相互竞争的关系，可以看出，反应进行到 18h 时，生长都是大于溶解的，但是随着反应时间的继续增加，溶液中反应物耗尽后，体系中的溶解大于消耗，薄膜上的高能面则首先消耗。按照前面的报道，由于 FTO 基片与薄膜之间会由于晶格之间的差异，在两者界面之间的粒子则会被溶解掉。所以当反应进行 24h 时，我们发现生成的薄膜是不牢固的，用水轻轻冲洗就会脱落。

8.3.4　In_2S_3 薄膜的光吸收特性分析

如第 7 章所述，In_2S_3 薄膜的光吸收性质通过对样品的漫反射测试结果来推算。图 8-9 为酒石酸浓度为 0.02mol/L，Tu 的浓度为 0.06mol/L，反应温度为 160℃ 的条件下，不同反应时间（3h，6h，12h 和 18h）获得的薄膜的光吸收谱。可以看到 3h，6h 和 12h 的薄膜吸收范围依次增大，而 12h 以后到 18h 的样品光吸收行为趋于稳定。我们知道，In_2S_3 的激子波尔半径为 33.8nm，所以 3h 和 6h 的薄膜会因为其包含的小的颗粒而发生量子尺寸效应，又因为薄膜所包含的颗粒的尺寸分布较宽，所以其吸收范围很大，12h 的样品在 350 ~ 500nm

的范围内都存在着较强的光吸收。12h 和 18h 的样品中粒子大小远大于 33.8nm,所以吸收边与体材 In_2S_3 的位置接近 (620nm)。

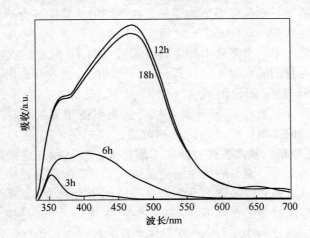

图 8-9   不同反应时间 3h,6h,12h,18h 制得样品的
紫外可见光吸收光谱

8.3.5 In_2S_3 薄膜的光电化学性质分析

In_2S_3 薄膜的光电化学性质分析在三电极体系中进行。电解液采用 0.01mol/L 的 $Na_2S_2O_3$ 溶液,光照面积和入射光强度分别为 $1cm^2$ 和 $100mW/cm^2$。图 8-10 为不同时间 (3h,6h,12h 和 18h) 获得的薄膜作为光电极在零偏压条件下的 J-t 曲线。可以看出有光和无光时光电流的变化还是非常明显的。无光时,所有薄膜的电流都很小,可以忽略不计。12h 制得的样品的光电流密度与电压曲线如图 8-11 所示。光电流的变化先增大后减小,以 12h 的薄膜的光电流最大,达到 $0.48mA/cm^2$。光电化学性质与其光吸收性质是密不可分的,具有好的光吸收性质是获得好的光电化学性质的前提条件,通过光吸收曲线我们看到 12h 的薄膜的光吸收范围和强度最大。另外,反应 18h 制得的薄膜厚度达到 $1\mu m$,过大的厚度会增加光生载流子的传输距离,也可能会削弱光电流。值得注意的是,这一章中我们所获得楔形薄膜

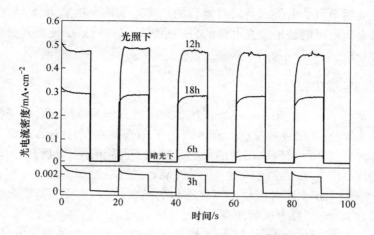

图 8-10　不同反应时间 3h，6h，12h 和 18h 制得 In_2S_3 薄膜的
光电流密度 – 时间曲线

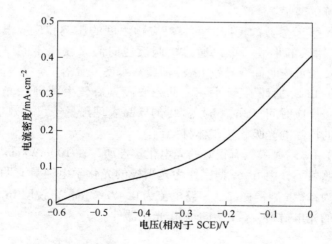

图 8-11　12h 制得的 In_2S_3 薄膜的电流密度 – 电压曲线

的光电流（0.48mA/cm²）远远大于第 7 章中片状薄膜的光电流
（0.07mA/cm²）。这可能是由于其楔形的形貌比片状的薄膜形貌要紧
密，有利于载流子的分离和传输。另外，薄片中大量裸露的表面与电

解液接触增大了电子 – 空穴对复合的概率。当然，楔形 In_2S_3 与电解液的表面也可能是增大光电流的另一原因，具体的原因还需要更加深入的分析。

8.4 本章小结

本章中，我们采用水热合成法，采用硫脲作为硫源，合成了楔形 In_2S_3 颗粒组装而成的薄膜，深入讨论了酒石酸在反应中的重要作用和各种反应条件对薄膜形貌的影响，推测了薄膜的生长过程，同时测试了样品的光吸收性能和光电化学性能，主要结论如下：

（1）采用水热合成法，以硫脲作为硫源可以在 FTO 基底表面制得楔形 In_2S_3 颗粒组成的薄膜。

（2）酒石酸在 In_2S_3 薄膜的生长过程中发挥了至关重要的作用，酒石酸过少（不大于 $0.01mol/L$）会使薄膜无法生长在 FTO 的表面，过多（大于 $0.04mol/L$）会使 In_2S_3 颗粒的生长发生团聚，不能形成均匀连续的薄膜。

（3）实验参数如反应时间、反应物浓度的比例和反应温度会影响 In_2S_3 薄膜的形貌，可以通过控制反应时间来获得不同厚度的薄膜，但过长反应时间会导致 In_2S_3 薄膜从基底上脱落。

（4）In_2S_3 薄膜在紫外 – 可见光波段具有较大范围的光吸收性质，较短反应时间（3h，6h）制得的样品表现出量子尺寸效应，12h 和 18h 的样品的光吸收边与体材接近。

（5）In_2S_3 薄膜具有很好的光电化学性质，在 $100mW/cm^2$ 模拟太阳光的照射下，由 In_2S_3 薄膜作为光阳极的光化学电池具有明显的光响应行为，12h 制得样品的短路电流为 $0.48mA/cm^2$，说明 In_2S_3 是一种较好的光电材料，可以用于制作光伏器件。